Silvia Arroyo Camejo

Il bizzarro mondo dei quanti

 Springer

Tradotto dall'edizione originale tedesca:
Skurrile Quantenwelt di Silvia Arroyo Camejo
Copyright © Springer-Verlag Heidelberg 2006
Springer is part of Springer Science + Business Media.
Tutti i diritti riservati

Traduzione a cura di Stefano Ruggerini

Springer-Verlag fa parte di Springer Science+Business Media
springer.com
Versione in lingua italiana: © Springer-Verlag Italia, Milano 2008

ISBN 978-88-470-0643-0
e-ISBN 978-88-470-0644-7

Collana ideata e curata da: Marina Forlizzi
Redazione: Barbara Amorese
Impaginazione: le-tex publishing services, Leipzig
Copertina: progetto grafico di Simona Colombo, Milano;
ideazione grafica di Massimiliano Caleffi, Milano;
elaborazione dell'immagine di Geraldine D'Alessandris, Milano
Immagine di copertina: © ColorBlind Images/Corbis
Stampa: Grafiche Porpora, Segrate, Milano

Stampato in Italia
Springer-Verlag Italia S.r.l., via Decembrio 28, I-20137 Milano

Sulla nascita di questo libro

Spesso mi è stato chiesto che diavolo mi ha preso per mettermi a scrivere un saggio sulla fisica quantistica all'età di 17 anni.

Ebbene, nel rispondere a questa domanda, vorrei per prima cosa chiarire quali motivi *non* mi hanno spinto a scrivere questo libro. Non ho mai desiderato farlo, per esempio, per realizzare un guadagno economico grazie alle vendite sul mercato dei libri. Nel concepire il presente scritto, il denaro non è mai intervenuto. Fosse stato questo il caso, non avrei certamente scelto un tema che, nella memoria della maggior parte delle persone, evoca il brutto e sbiadito ricordo di una delle materie di scuola meno amate. Ripetutamente ho dovuto constatare – all'inizio con stupore – quanto fossi sola nella mia implacabile sete di conoscenze e nell'interesse enorme che nutrivo nei confronti dei processi stupefacenti che avvengono in natura e quanto, ogni volta che ne parlavo, andassi incontro regolarmente a incomprensioni e scuotimenti di testa.

Allo stesso modo, non è stato il desiderio del riconoscimento da parte degli altri a motivarmi in questa impresa, perché essere considerata da tutti un po' maniaca e malata non è particolarmente motivante.

Non posso nemmeno affermare che il presente scritto sia il frutto della noia o di trascurati impegni scolastici. Per la precisione, durante la stesura del libro, tra lezioni e compiti in classe, ero intensamente impegnata a scuola e mi sforzavo di ottenere un buon voto finale all'esame di maturità. In questa situazione, dunque, la produzione di capitoli di fisica quantistica aveva per me piuttosto il significato di un benvenuto – quanto impegnativo – svago.

Mio padre ha detto una volta che, davvero, un libro come il mio può essere scritto soltanto quando si è molto giovani. Solo in gioventù si avrebbero la motivazione e la tenacia necessarie per fare una cosa simile, senza scopo o utilità, senza obblighi esterni e senza neanche l'ombra di interessi economici. Ebbene, se sia vero non lo so, ma spero tanto di riuscire a trovare anche più avanti negli anni, la forza e il tempo per poter provare di nuovo il piacere di fare una cosa inutile e senza scopo come questa ;-).

Che cosa è stato, allora, a spingermi a scrivere queste pagine? Semplicissimo: il mio amore per la fisica e il mio entusiasmo di fronte a quella molteplicità di affascinanti e complessi processi per i quali – in contrasto con la nostra esperienza quotidiana e il nostro cosiddetto buon senso – non valgono né il principio di causalità, né il concetto stesso di oggettività. Un mondo nel quale il caso assoluto e oggettivo entra legittimamente a far parte delle leggi fisiche e nel quale un oggetto quantistico può tranquillamente trovarsi, nello stesso istante, in posti diversi. Un mondo così pieno di contraddizioni e paradossi che a tratti sembra davvero mancare il terreno sotto i piedi. Tuttavia, per quanto complessi possano sembrare i fenomeni del microcosmo e poco intuitive le leggi che li governano, altrettanto affascinanti e meravigliose sono le conoscenze che si possono raggiungere sulla natura stessa di questo mondo, attraverso gli studi del comportamento fisico degli oggetti quantistici.

Io voglio conoscere la struttura ultima della natura. Voglio sapere come funziona questo mondo meraviglioso in cui viviamo. Per questo motivo, all'età di circa 15 anni, spinta da un'insopprimibile sete di sapere, mi procurai le prime nozioni sui meccanismi della fisica quantistica attraverso la lettura di libri di divulgazione scientifica. E via via andava crescendo il mio interesse per questo tema così avvincente e capace di impossessarsi completamente di me. Sempre più domande si affollavano nella mia mente, esigendo risposte che nessuno era in grado di darmi.

Dopo qualche tempo, mi accorsi di essere giunta a un limite che non avrei potuto superare con ulteriori letture di testi divulgativi. Tuttavia, il salto verso la letteratura specialistica, che è pensata soprattutto per gli studenti universitari e richiede la conoscenza della matematica superiore, era senz'altro impegnativo e appariva troppo difficile da compiere – se non del tutto impossibile – per una della terza liceo come me.

Questa divaricazione tra la letteratura scientifica divulgativa che evita accuratamente ogni formula matematica ed è accessibile a tutti, e la letteratura specialistica nella quale, quasi in ogni pagina, si incontrano svariati integrali ed equazioni differenziali, fu all'inizio un problema per me. Tuttavia, grazie anche a biblioteche, negozi di libri usati e internet, riuscii finalmente a progredire nei miei studi e a prendere lentamente confidenza con il contesto quantitativo della disciplina. Ebbi così modo di constatare come diversi aspetti e proprietà della fisica quantistica, attraverso il formalismo matematico, diventassero molto più comprensibili e chiari. Riconobbi come una descrizione veramente comprensibile e non soltanto superficiale degli effetti quantistici fosse possibile solo attraverso lo studio di testi ben spiegati e corredati dal formalismo matematico appropriato. Una volta che ciò mi fu chiaro, dopo più di due anni di studi, cominciai a sentire il bisogno di dare un ordine alle conoscenze che avevo raccolto fino a quel punto e mi venne l'idea di fissare per iscritto, così come li avevo capiti io, un paio dei temi centrali o alcuni degli effetti che si presentano in meccanica quantistica. Nel farlo provai tanta gioia che cominciai a pensare seriamente a una esposizione più articolata di temi di fisica quantistica che fosse nuova nella concezione e valida dal punto di vista didattico, e che, sotto forma di un libro scritto da me, colmasse il vuoto esistente tra le pubblicazioni scientifiche divulgative e la letteratura specialistica.

Ciò che ne è risultato, gentili lettori, si trova in questo istante tra le vostre mani. Riassumendo, questo libro è la pura espressione della mia gioia nel dare una descrizione il più possibile comprensibile ed efficace dal punto di vista didattico, ma anche profonda e vasta, dei temi affascinanti della meccanica quantistica nonché il mio personale augurio di riuscire magari io stessa, un bel giorno, a contribuire allo sviluppo di queste meravigliose conoscenze. E tutto ciò semplicemente perché mi piace.

Berlino, dicembre 2005   Silvia Arroyo Camejo

Indice

Indice

Introduzione

Che cos'è la fisica quantistica?

Verosimilmente, cari lettori, qualche volta vi sarete già posti almeno una delle seguenti domande:

Che cosa sono i quanti?
Che relazione ha la fisica quantistica con il mondo reale?
Di che cosa è fatta la materia?
Che cos'è il principio di indeterminazione di Heisenberg?
Che c'entra il gatto di Schrödinger?
Ciò che accade nel mondo viene determinato da variabili nascoste?
Qual è il confine tra microcosmo e macrocosmo?
ecc.

Sono domande, queste, di basilare importanza non solo per la fisica moderna, ma anche, in larga misura, per la nostra generale visione del mondo e dell'essenza della natura, per la fiducia che riponiamo nel nostro buon senso e nella capacità stessa dell'uomo di conoscere. In tempi passati, i paradigmi epistemologici – cioè i modelli e le immagini del mondo che orientano la conoscenza teorica – erano improntati grandemente a premesse e principi puramente filosofici e venivano da questi determinati. Che questo sia un approccio fin troppo comprensibile e naturale alle domande fondamentali sull'esistenza e la realtà del mondo, appare chiaro. Tuttavia, esattamente come le scienze in passato sono state in grado di sostituire progressivamente le interpretazioni mistiche e religiose con spiegazioni razionali, anche ai nostri giorni deve avere luogo un cambiamento di paradigma. Anche se non ne siamo sempre consapevoli, la nostra immagine del mondo – a dispetto di tutte le nuove e profonde conoscenze paradigmatiche della fisica moderna – è ancora assai simile a quella dei tempi di Newton, attorno al 1700. Nutriamo una visione meccanicistica e deterministica del mondo, costruita e confermata sulla base degli eventi che abitualmente ci circondano nella vita di tutti i giorni. Un tavolo da biliardo, per esempio, riunisce in sé tutti i pregiudizi insiti nella nostra visione del mondo. Sotto la banale azione di forze d'urto, nel rispetto delle leggi di conservazione dell'energia e della quantità di moto, hanno luogo collisioni facilmente calcolabili, accompagnate eventualmente da moti rotatori. È la classica visione del mondo meccanicistico-deterministica, così come la conosciamo tutti. Ma è davvero appropriata questa immagine della natura? Veramente tutti gli oggetti della natura si comportano in modo così semplice e prevedibile, come palle da biliardo?

Con queste domande fondamentali bene in mente, nel corso di questo libro proveremo a dare una sbirciatina nel misterioso, meraviglioso e affascinante mondo dei quanti, nel tentativo di fare anche noi qualche piccolo passo avanti nell'eterna ricerca dell'essenza ultima delle cose e del principio primo della natura.

Che cosa sono gli oggetti quantistici?

Ricominciamo allora da capo: che cos'è, in definitiva, la fisica quantistica? Ebbene, la *fisica quantistica* è quel settore della fisica che si occupa del comportamento degli oggetti quantistici. Fin qui, tutto bene. Ma che cos'è allora un oggetto quantistico?

Abitualmente, nella categoria degli *oggetti quantistici* rientrano oggetti di dimensioni atomiche o subatomiche, come, per esempio, le particelle elementari, di cui fanno parte anche i ben noti mattoni fondamentali dell'atomo: elettroni, protoni e neutroni. In una formulazione più generale, si può asserire che tanto la materia quanto la luce, su piccola scala, devono essere considerate oggetti quantistici. Tuttavia, anche raggruppamenti notevolmente più consistenti di materia, formati da parecchie dozzine di atomi, possono ancora comportarsi come oggetti quantistici. Qualcosa di più preciso in merito si apprenderà senz'altro nei capitoli seguenti.

A che scopo si fa ricerca nel campo del microcosmo?

Dopo aver in qualche modo spiegato di che cosa si occupa la fisica quantistica, potrebbe forse essere interessante capire per quale ragione ci si occupa del comportamento degli oggetti microscopici e si fa ricerca nel settore delle particelle più piccole. Non si può negare che chi fa ricerca di base nel settore della fisica quantistica, della fisica delle particelle o della fisica delle alte energie, è spinto non tanto dalle applicazioni pratiche che i risultati delle sue ricerche possono avere, quanto piuttosto dalla curiosità inesauribile e dall'intima esigenza di conoscere e comprendere il mondo emozionante e sconvolgente che lo circonda. In questo modo, un fisico teorico che indaga i fondamenti della natura si vede costantemente in bilico tra ricerche senza uno scopo e ricerca senza un senso. Per il vero scienziato, tuttavia, ciò non rappresenta un ostacolo al proprio lavoro. Le conoscenze che egli raggiunge, infatti, e alle quali tendono costantemente le sue ricerche, gli schiudono in fondo niente meno che l'incantevole essenza stessa della natura. Fatti come quello che un oggetto quantistico possa trovarsi contemporaneamente in due posti diversi o che l'oggettività nel microcosmo sembri non esistere affatto, o ancora che l'esistenza del "fantomatico effetto a distanza" – negata con veemenza da Einstein – sia una parte ineluttabile della realtà fisica, rendono le ricerche in fisica quantistica di gran lunga più emozionanti della lettura di qualunque romanzo giallo, magari anche ottimo, ma in fondo fittizio. È proprio questo che rende la fisica quantistica così affascinante: il fatto che non si tratti di utopistica fantascienza, bensì della realtà in persona. Nel regno dell'infinitamente piccolo, fanno parte della "quotidianità quantistica" cose che perfino nelle avventure di Star-Trek farebbero arricciare il naso, sembrando sciocchezze. Oppure, per dirla con le parole puntuali e significative del fisico teorico Daniel Greenberger:

> Einstein diceva che il mondo non può essere così folle. Noi oggi invece sappiamo che è davvero folle così.[1]

---

[1] *"Einstein sagte, die Welt kann nicht so verrückt sein. Heute wissen wir, die Welt ist so verrückt."* A. Zeilinger: *Einsteins Schleier* (C. H. Beck) 2003; p. 7. Ed. it.: *Il velo di Einstein* (Einaudi) 2006.

La fisica è una costruzione compiuta di idee?

A scuola – e forse l'avrete già potuto sperimentare voi stessi – viene data troppo spesso l'impressione che la fisica sia un edificio perfetto e compiuto del pensiero, fatto di un certo numero di equazioni in grado di descrivere ciascuna un qualche esperimento idealizzato. La sfida dei fisici consisterebbe perciò, ogni volta, nel pescar dalla raccolta la formula giusta, adatta alla particolare situazione, e di darla in pasto al computer, corredata da opportuni dati sperimentali, in modo che il calcolatore alla fine sputi fuori i risultati correttamente rilevati. Ebbene – e lo sottolineo espressamente – le cose davvero *non* stanno così!

Max Planck (1858–1947), colui che a buon diritto può essere considerato il padre della teoria dei quanti, ebbe a dubitare, da giovane, di quanto promettenti fossero gli studi in fisica, nonostante egli provasse un forte interesse per questa disciplina, che è alla base di tutte le scienze naturali. Bonariamente, un famoso professore di Fisica lo sconsigliò, dicendo che in fisica l'essenziale era già stato tutto scoperto e che si trattava ormai solamente di spiegare un paio di dettagli insignificanti, che ancora sfuggivano. Planck riuscì così bene a non farsi condizionare da questo amichevole consiglio che i suoi successivi lavori aprirono una nuova era nei canoni della fisica, innescando una vera e propria rivoluzione all'interno della disciplina. Nell'anno 1900 Planck scoperse un aspetto ancora sconosciuto della natura: la quantizzazione a livello del microcosmo.

Che succede nel microcosmo?

Proprio attorno a questa domanda, che riguarda la struttura più interna delle cose, i principi basilari della natura e l'essenza della costituzione fisica e del comportamento del cosmo stesso, ruota il tema principale di questa escursione nel regno del microcosmo, come un filo rosso che attraversa ogni singolo capitolo.

Vorrei avvisarvi, fin da questo primissimo momento, che nel corso del nostro ormai imminente viaggio attraverso la fisica quantistica e il mondo affascinante dell'infinitamente piccolo, andremo sicuramente a sbattere la testa, per così dire, contro alcuni limiti della comprensione e della conoscenza. Ciò non dipenderà comunque né da voi né dalle teorie fisiche prese in considerazione: è nella natura stessa degli oggetti considerati. Nel microcosmo si gioca una partita sottile, a tratti disorientante. Anche dopo i decenni di ricerca intensa e di successi della meccanica quantistica, gli oggetti quantistici sono e rimangono, inevitabilmente, un enigma, rappresentando l'essenza stessa della contraddittorietà, della impenetrabilità e del mistero. La fisica quantistica è così piena di paradossi inaspettati e di sorprese che la fiducia nelle proprie capacità di comprensione a volte ne esce scossa.

Tuttavia, a mio parere, è in fondo proprio questa (apparente) inaccessibilità epistemologica e questa enigmaticità del mondo quantistico a costituirne il fascino irresistibile.

1

Luce e materia

Che cos'è veramente la luce?

Già gli antichi greci si erano posti la domanda sulla natura della luce. Per quanto semplice questo quesito possa magari sembrare a un primo sguardo, rispondervi chiaramente è, al contrario, estremamente difficile. Nel corso dello sviluppo storico della fisica, lungo i secoli, la risposta a questa domanda è andata incontro a continui cambiamenti. Al lettore interessato al perché diremo soltanto, per ora, che ciò dipende dal fatto che la luce è una cosa maledettamente schizofrenica. Ne impareremo di più, comunque, nel seguito del libro. Adesso vogliamo invece dedicarci alla consueta, classica definizione di luce.

Prima di cominciare, tuttavia, è forse opportuno spiegare rapidamente che cosa si intende in fisica con l'aggettivo "classico". Lungo tutto il corso del libro, potrete constatare quanto spesso diremo di considerare i fatti fisici dal *punto di vista classico*, o che analizzeremo le previsioni della *teoria classica*, o espressioni del genere. Ogni volta la parolina "classico" starà a significare che esprimeremo il punto di vista della *fisica classica* sull'argomento in esame, dove, per fisica classica, intenderemo tutte le branche della fisica (e cioè la meccanica classica di Newton, l'elettrodinamica di Maxwell ecc. fino alla teoria della relatività di Einstein) con l'esclusione della fisica quantistica. Quest'ultima non rientra nella fisica classica perché reca con sé tratti talmente peculiari che la distinguono in modo significativo da tutto il resto. Ne parleremo meglio in proposito, comunque, più avanti. Quel che abbiamo detto fin qui era solo per chiarire che tutte le teorie non quantistiche che tratteremo saranno qualificate con l'aggettivo "classico", in modo da poter distinguere anche concettualmente le vecchie teorie non quantistiche (dunque classiche) da quelle quantistiche (dunque non classiche).

Cominciamo allora con la teoria classica della luce. Se consultassimo un dizionario di fisica, troveremmo probabilmente una definizione simile alla seguente:

per "luce" si intende quella parte dello spettro della radiazione elettromagnetica compresa tra le lunghezze d'onda di $360 \cdot 10^{-9}$ m e $780 \cdot 10^{-9}$ m.

D'accordo, ma che possiamo farcene? Proverò a spiegarlo in modo un po' più comprensibile. Lo spazio (e cioè qualunque spazio, sia quello vuoto che quello pieno di terra, aria o qualunque altra cosa) è attraversato dal *campo elettromagnetico*. Per farsi un'idea intuitiva di questo campo, si può pensare a un grandissimo numero di corde o funi, tese attraverso lo spazio in tutte le direzioni. Se si agita una corda in un certo punto, la perturbazione si trasmette alle altre corde e si propaga nello spazio sotto forma di un'onda sferica tridimensionale. Le funi sono il mezzo attraverso il quale l'onda si propaga, esattamente come l'aria è il mezzo nel quale si propagano le onde sonore.

La luce si comporta in modo simile. Attraverso l'oscillazione periodica di una particella carica, i campi elettrico e magnetico che la circondano vengono messi a loro volta in vibrazione. Queste oscillazioni del campo elettrico vengono chiamate *onde elettromagnetiche*. Di per sé, un'onda elettromagnetica non è altro che un'oscillazione del campo elettromagnetico. L'energia di oscillazione dell'onda si propaga come una perturbazione del campo elettrico.

L'esistenza delle onde elettromagnetiche venne prevista per la prima volta dalle fondamentali equazioni che James Maxwell (1831–1879) propose per l'elettrodinamica classica e che, dal nome del loro scopritore, vengono anche chiamate *equazioni di Maxwell*. Esse descrivono, dal punto di vista teorico e matematico, la dinamica del campo elettrico e del campo magnetico. Le onde elettromagnetiche poterono essere rilevate sperimentalmente soltanto circa 27 anni dopo la scoperta teorica di Maxwell.

Fu Heinrich Hertz (1857–1894) il primo che riuscì a generarle in laboratorio e rilevarle nei suoi esperimenti del 1887.

Ma qui che cosa oscilla?

Potrebbero tuttavia essere rimasti ancora dei dubbi su come immaginarsi concretamente questi campi elettrici e magnetici oscillanti. A questo scopo, in figura 1.1 viene data una rappresentazione grafica di un'onda elettromagnetica. Occorre ora spiegare la struttura schematica di una simile onda.
Come si può ben notare, l'onda elettromagnetica possiede due direzioni di oscillazione. Il vettore del campo elettrico e quello del campo magnetico della radiazione elettromagnetica sono infatti sempre perpendicolari tra loro. Essi, inoltre, oscillano in fase, cioè raggiungono negli stessi istanti di tempo la massima *ampiezza* (= distanza dallo stato di quiete) e attraversano contemporaneamente la posizione di riposo. Infine, entrambi i campi sono perpendicolari alla direzione di propagazione dell'onda.
Le onde elettromagnetiche (come anche le onde che si propagano sulle corde o sull'acqua) appartengono alla categoria delle *onde trasversali*, caratterizzate dall'avere una direzione di oscillazione perpendicolare alla direzione di propagazione, al contrario

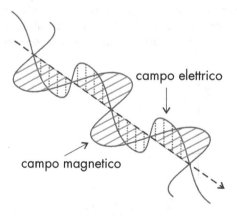

Fig. 1.1. Rappresentazione dei piani perpendicolari di oscillazione di un'onda elettromagnetica

di quanto accade con le *onde longitudinali* (come per esempio il suono), per le quali la direzione di oscillazione coincide con quella di propagazione. Una proprietà esclusiva delle onde trasversali è la *polarizzazione*, che consiste nella possibilità, per esempio per il vettore del campo elettrico dell'onda elettromagnetica, di oscillare in uno solo degli infiniti piani che contengono la direzione di propagazione. In questo caso si parla, in particolare, di onda *polarizzata linearmente*. La luce del sole, per esempio, non è polarizzata, ma se la si fa passare attraverso un filtro di polarizzazione si ottiene in uscita luce polarizzata secondo una determinata direzione.

Due ulteriori grandezze fondamentali che caratterizzano l'onda elettromagnetica sono la *lunghezza d'onda* λ e la *frequenza* ν. La lunghezza d'onda è semplicemente la distanza tra due punti identici dell'onda, come per esempio quelli mostrati in figura 1.2. La frequenza della radiazione, invece, fornisce il numero di oscillazioni che avvengono nell'unità di tempo. Lunghezza d'onda e frequenza sono tra loro inversamente proporzionali. È interessante notare che, moltiplicando tra loro queste grandezze, si ottiene la *velocità di propagazione c* dell'onda:

$$c = \nu\lambda. \tag{1.1}$$

Nel caso della radiazione elettromagnetica, si tratta proprio della ben nota velocità della luce, per la quale il simbolo c è universalmente adottato. Ogni volta che, nel corso del libro, la letterina c farà capolino in qualche formula, intenderemo sempre con essa la

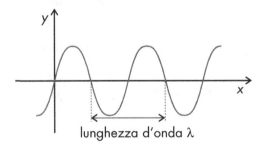

Fig. 1.2. La definizione di lunghezza d'onda

costante che esprime la *velocità della luce nel vuoto*, il cui valore è circa $c = 3,0 \cdot 10^8$ m/s. Quando non sarà questo il caso, il lettore verrà avvisato esplicitamente.

Che cosa sono la frequenza e la lunghezza d'onda della luce?

Teoreticamente, ci sono infiniti valori possibili per la frequenza e la lunghezza d'onda della radiazione elettromagnetica. Lo *spettro della radiazione elettromagnetica* contiene con continuità tutte le frequenze e le relative lunghezze d'onda della radiazione. Come si può riconoscere dal diagramma in scala logaritmica riportato in figura 1.3, lo spettro della radiazione elettromagnetica copre tutto l'arco delle frequenze e delle lunghezze d'onda che si estendono dalle cortissime onde della radiazione gamma forte, alle lunghe onde radio. Compresi tra questi estremi si trovano, nell'ordine: i raggi X duri e molli, la radiazione ultravioletta, il minuscolo campo di frequenze della radiazione visibile da noi esseri umani, i raggi infrarossi, la radiazione termica e, infine, le microonde. È davvero stupefacente che, in un certo qual modo, tutti questi tipi di radiazione siano essenzialmente identici alla luce che riusciamo a vedere con i nostri occhi, in quanto differiscono da essa unicamente per i valori della lunghezza d'onda o della frequenza. In fondo dipende solo da come è costruito il nostro organo della vista se siamo sensibili unicamente a questa porzione dello spettro e riusciamo a vedere solo questa parte di radiazione.

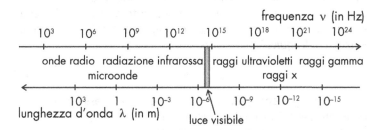

Fig. 1.3. Lo spettro della radiazione elettromagnetica, ordinato rispetto ai valori della frequenza ν e della lunghezza d'onda λ

A questo punto, ci si potrebbe chiedere perché ci sia questa grande abbondanza di frequenze nelle onde elettromagnetiche. La ragione principale risiede nel modo in cui le onde vengono generate. La sorgente delle onde gamma forti è, per esempio, un nucleo atomico radioattivo eccitato che, attraverso l'emissione di quanti gamma, può raggiungere uno stato energetico più favorevole. Le onde radio, al contrario, sono originate da un dipolo elettrico oscillante, un conduttore, cioè, aperto a un'estremità, al quale viene applicata una tensione elettrica alternata. Tutto considerato – a parte le diverse lunghezze d'onda – tutti i tipi di radiazione rappresentati in figura 1.3 sono essenzialmente identici dal punto di vista fisico, il che significa che sono tutti soggetti alle medesime leggi ottiche, proprio come la luce che vediamo.

Che cos'è veramente la materia?

A tutta prima, si potrebbe pensare qualcosa del tipo: "ma questo è chiaro! Materia è, appunto, tutto ciò che è materiale, che ha sostanza, che si può afferrare, al contrario delle microonde, della radiazione termica o della luce. Una pietra è chiaramente materiale: si può lanciarla in aria e ripiomba a terra con un tonfo. Questo non vale per la luce...".

Ma allora come la mettiamo, per esempio, con un elettrone? Si lascia afferrare? Oppure consideriamo la radiazione alfa, che consiste di fasci di nuclei di elio: è davvero immateriale solo perché non si lascia tastare così facilmente o non si può vedere direttamente? Come si capisce, la questione è un po' imbrogliata e, per essere sinceri, non esiste nemmeno una definizione fisica precisa del concetto di *materia*. Naturalmente si potrebbe anche dire che è materia tutto ciò che ha massa, ma sappiamo, dalla scoperta di Einstein dell'*equivalenza energia-massa*, che

$$E = mc^2 , \qquad (1.2)$$

e cioè che ogni energia E è equivalente a una massa m, dove il quadrato della velocità della luce non rappresenta nient'altro che uno "speciale fattore di conversione". Ogni energia ha allora una massa e a ogni massa può essere associata un'energia. Come si può ancora fare una distinzione tra ciò che ha massa e ciò che non ce l'ha?

E tuttavia, nonostante queste enormi difficoltà di definizione, c'è ancora la possibilità di fissare in qualche modo il concetto di materia: con questa parola si intendono tutte le particelle elementari dotate di massa a riposo. Ma che cos'è la massa a riposo? Per *massa a riposo* si intende la massa che una particella possiede quando non si muove; questo perché, secondo la *teoria della relatività ristretta*, ogni particella in moto è soggetta a un *aumento di massa*, che fa sì che la sua cosiddetta *massa dinamica* sia superiore alla sua massa a riposo. Al contrario, la luce e tutta la radiazione elettromagnetica in generale, non possiede massa a riposo, ma solo una massa dinamica. In questo modo si può operare una distinzione tra materia e radiazione.

Di che cosa è fatta la materia dotata di massa a riposo?

Come è universalmente noto ai nostri giorni, la materia che ci circonda è composta da minuscole particelle: gli *atomi*. Già nella Grecia antica, i filosofi Leucippo e Democrito (entrambi vissuti attorno al 500 a. C.) avevano formulato la loro ipotesi atomistica, secondo la quale, ogni cosa, in ultima istanza, doveva essere composta da particelle indivisibili.

Anche se queste prime supposizioni filosofiche possono sembrare piuttosto immotivate dal nostro attuale punto di vista, esse poterono trovare conferma soltanto molto tempo dopo, grazie al lavoro, tra gli altri, del chimico inglese John Dalton (1766–1844).

Da allora si succedettero sempre nuovi modelli atomici, diversi tra loro e continuamente migliorati. Il primo di questi, sviluppato dall'inglese Joseph Thomson (1856–1940) e chiamato anche *modello del panettone*, prevedeva che l'atomo fosse composto da una sorta di *pasta di materia* dotata di carica positiva, nella quale sarebbero stati immersi gli *elettroni* (scoperti anche questi da lui), recanti la carica negativa.

Tuttavia, di lì a poco, il neozelandese Ernest Rutherford (1871–1937) scoprì, con i suoi esperimenti sui fogli d'oro del 1909, che l'atomo, per la maggior parte, doveva essere vuoto e che gran parte della sua massa era concentrata in un nucleo estremamente piccolo e compatto, avente carica positiva. Gli elettroni, carichi negativamente, dovevano invece ruotare alla periferia dell'atomo, attorno al nucleo, a diverse distanze da esso, come in un sistema solare miniaturizzato, con il nucleo che fa le veci del sole e gli elettroni quelle dei pianeti. Divenne così chiaro che quella porzione ultima di materia che impropriamente era stata chiamata "atomos", in verità era divisibile, eccome! L'atomo non poté più a lungo essere considerato la cosa più elementare, visto che era ulteriormente divisibile.

Dovette così necessariamente riformularsi la domanda se queste "frazioni di atomo", a loro volta, fossero di natura elementare. Tuttavia, come si dimostrò, non lo sono affato, perché il nucleo atomico è composto ulteriormente da due tipi di particelle: i *protoni*, carichi positivamente, e i *neutroni*, privi di carica, cioè neutri. Ma nemmeno queste particelle sono elementari, poiché sono fatte a loro volta di particelle e, precisamente, di *quark*, un nome dovuto al fisico delle particelle americano Murray Gell-Mann (n. 1926). Secondo il *modello standard della fisica delle particelle elementari*, i protoni *p* (*uud*) sono composti da due up-quark e un down-quark, mentre i neutroni *n* (*udd*) sono formati da due down-quark e un up-quark. Per la precisione, i quark dei suddetti nucleoni, assieme alle particelle di scambio dell'interazione nucleare forte (bosoni di scambio), costituiscono piuttosto un complicato e confuso agglomerato di quark, antiquark e diversi gluoni, un cosiddetto *plasma di quark e gluoni*, ma questo non dovrebbe cambiare nulla di sostanziale rispetto all'affermazione principale.

Per quanto ne sappiamo finora, questi quark sono davvero elementari, nel senso che non sono formati da altre particelle. E ci sono inoltre buoni motivi per credere che debba essere proprio così. Attualmente, quindi, tra i mattoni fondamentali dell'atomo, sono da considerare particelle elementari solamente gli *up-quark*, i *down-quark* e gli *elettroni*. Tuttavia – cosa apparentemente paradossale – sia i protoni che i neutroni sono annoverati tra le particelle elementari nonostante abbiamo appena visto che tali, in fondo, non sono.

È allora opportuno sottolineare qui, una volta per tutte, che "essere composto da altre particelle" non ha esattamente lo stesso significato di "essere divisibile". Ma come? Ebbene, il fatto che, per esempio, un protone non sia ulteriormente divisibile, nonostante sia formato dai quark, molto più piccoli di lui, dipende da una proprietà della forza che tiene unito il protone o il neutrone. Tale forza, detta *interazione forte* (una delle quattro *forze fondamentali* della natura), fa in modo che i quark non possano mai rimanere isolati. Di conseguenza, essi compaiono solo in formazioni da due, i *mesoni*, o in formazioni da tre, i *barioni*.

Il fenomeno per cui, per esempio, un gruppo di tre quark che formano un protone non può separarsi viene detto *inclusione dei quark* o anche *confinamento dei quark*. Questa interessante ed "esotica" proprietà dell'interazione forte – sia detto per inciso – rappresenta tuttora un enigma irrisolto nella ricerca sui fondamenti della fisica.

Recenti esperimenti condotti nei più grandi acceleratori di particelle del mondo sono volti a scovare, addirittura con un certo accanimento, un'ulteriore classe di particelle, i pentaquark, i quali, tuttavia, dovrebbero essere estremamente instabili. Si tratta di particelle composte da quattro quark e un antiquark. Esempi in proposito sono il Θ^+ (*uudd$\bar{s}$*), il Θ_c^0 (*uudd$\bar{c}$*) oppure lo Ξ^{--} (*ddss$\bar{u}$*). Come mostrano gli esperimenti attuali, provare in modo convincente la loro esistenza sembra estremamente difficile. Fino ad ora dieci esperimenti testimoniano a favore di questa tesi, ma altrettanti purtroppo depongono contro o forniscono un risultato che non consente di sbilanciarsi. Dalla prospettiva precaria di simili risultati sperimentali emergono dubbi persistenti sul fatto che gli esperimenti ideati fin qui siano da considerare convincenti. Una conferma veramente fondata della dubbia esistenza dei pentaquark potrà arrivare solo da esperimenti futuri[1]. Ciò che invece è incontestato, è il fatto che queste ricerche sui pentaquark renderanno possibili nuove e profonde conoscenze sulla natura dell'interazione forte. Naturalmente, questi poliquark sono di straordinario interesse anche per la comprensione dell'enigmatico fenomeno del confinamento dei quark.

Le particelle elementari sono davvero delle particelle?

Da quanto abbiamo visto fin ora, le particelle elementari non sempre sono elementari nel vero senso della parola; tuttavia, per de-

---

[1] Una bella descrizione dei risultati "altalenanti" della ricerca si può trovare in K. Hicks: Experimental Search for Pentaquarks. Prog. Part. Nucl. Phys. **55** (2005); http://arxiv.org/abs/hep-ex/0504027 (2005).

dicarci adesso all'altra metà del concetto, particelle lo saranno invece di sicuro, o no?

Ebbene, dipende! Nella fisica delle particelle elementari, il concetto di "particella" indica solitamente qualcosa di diverso da ciò a cui siamo abituati noi, nella nostra esperienza quotidiana, tra oggetti dell'ordine di grandezza di 10^{-1} m. Se ci immaginiamo una "particella", abbiamo in mente qualcosa di piccolo e compatto, paragonabile a una minuscola sferetta di metallo. Questa immagine di una *particella classica*, tuttavia, diventa sempre meno applicabile man mano che retrocediamo nella scala delle grandezze. Immaginiamo per un attimo di essere noi stessi degli oggetti del microcosmo, perfettamente adattati alla scala atomica e a proprio agio con dimensioni dell'ordine di 10^{-10} m. Allora saremmo subito costretti a riconoscere che la nostra immagine macroscopica di particella, intesa come una pallina minuscola e compatta, semplicemente non è più valida e dal punto di vista quantomeccanico rappresenta palesemente un non senso.

Una cosiddetta "particella", del tipo di quelle che imperversano abitualmente nel microcosmo, ha semplicemente tutt'un altro stile di vita: conduce, per così dire, una doppia vita. Proprio così: solo per metà del suo tempo è una particella, mentre per l'altra metà può comportarsi addirittura come un'onda. In qualche modo si è costretti, da un lato, ad ammettere che gli oggetti quantistici sono contemporaneamente uguali sia a particelle che a onde, non potendo, d'altro canto, inquadrarli separatamente in nessuna delle due categorie, perché non sono né onde classiche né particelle classiche. Essi si comportano in modo del tutto diverso da ciò a cui siamo abituati nel nostro "normale mondo classico". Le loro regole differiscono così tanto dalle nostre che dobbiamo confrontarci con difficoltà croniche ogni volta che tentiamo di seguire le loro astratte mosse sul campo. Questi oggetti non hanno niente a che vedere con tutto quello che siamo in grado di immaginare noi, limitati dal nostro orizzonte classico. Non sono né particelle macroscopiche, né onde macroscopiche: sono *oggetti quantistici*. E con l'aiuto di questo libro vogliamo tentare di metterci sulle loro tracce per comprendere il loro strano comportamento e conoscere un pochino più da vicino il loro meraviglioso, misterioso e affascinante carattere.

2
L'origine della costante di Planck

Da dove nasce l'ipotesi quantistica?

Nella fisica classica, alle soglie del 1900, un piccolo e apparentemente insignificante problema emerso in termodinamica, non potendo essere trascurato del tutto, continuava a infastidire la comunità scientifica. Si immagini un corpo nero ideale, un corpo, cioè, in grado di assorbire per intero la radiazione elettromagnetica che lo investe, senza rifletterne la benché minima parte. Un simile corpo emette uno spettro di radiazione elettromagnetica che dipende solamente dalla sua temperatura e non dal materiale di cui è fatto o da qualunque altro fattore particolare. Questa radiazione viene chiamata *radiazione del corpo nero* o anche *radiazione del corpo cavo*.

Per realizzare in pratica un corpo nero si può prendere un corpo cavo (per esempio una sfera di metallo cava) e introdurvi radiazione elettromagnetica attraverso un piccolo foro. La radiazione viene così riflessa dalle pareti interne del corpo finché non viene completamente assorbita, causando un aumento della sua temperatura. In queste condizioni è possibile calcolare teoricamente e misurare sperimentalmente la distribuzione spettrale del corpo nero, cioè la potenza corrispondente alla radiazione elettromagnetica di ogni singola lunghezza d'onda, irraggiata per unità di superficie (la misura può essere fatta, per esempio, su una sfera metallica cava come quella sopra descritta).

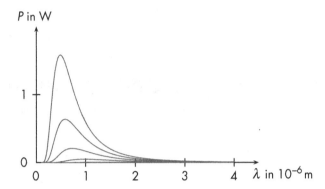

Fig. 2.1. Funzioni di distribuzione spettrale del corpo nero per diversi valori della temperatura

Il diagramma rappresentato in figura 2.1 mostra un esempio di alcune *funzioni di distribuzione spettrale* corrispondenti a corpi neri a diverse temperature. Nel grafico sono riportati i valori della potenza P irradiata per unità di superficie dalla radiazione elettromagnetica in funzione dei valori della sua lunghezza d'onda λ. Questi valori possono essere ricavati sperimentalmente.

Quando, tuttavia, si confrontarono i valori sperimentali con quelli previsti dalla teoria per la radiazione del corpo nero, ci si accorse che essi si contraddicevano a vicenda. La precedente teoria prevedeva infatti che la potenza P della radiazione fosse inversamente proporzionale alla quarta potenza della lunghezza d'onda λ, secondo la *legge di Rayleigh-Jeans*:

$$P(\lambda; T) = \frac{8\pi k_B T}{\lambda^4}, \qquad (2.1)$$

dove k_B è la costante di Boltzmann, il cui valore è circa 1,38 · 10^{-23} J/K e T è la temperatura del corpo nero in gradi Kelvin. Ciò significa che, nella distribuzione spettrale, la potenza P della radiazione elettromagnetica dovrebbe crescere continuamente al decrescere della lunghezza d'onda, tendendo all'infinito per $\lambda \to 0$.

Detto in altre parole, questo significherebbe che ogni corpo che possiede una temperatura superiore allo zero assoluto (pari a 0 K $\approx$ −273°C) dovrebbe emettere infinita energia sotto forma di radiazione elettromagnetica. Tutto ciò era in netta contraddizione con la distribuzione spettrale ottenuta sperimentalmente, per la quale invece, per $\lambda \to 0$, anche la potenza P va a zero (vedere fig. 2.1). Questo fatto della palese falsificazione della previsione teorica viene indicato col nome di *catastrofe ultravioletta*.

Come venne risolto il problema della catastrofe ultravioletta?

Poco prima dell'inizio del nuovo secolo, durante la più famosa conferenza nella storia della teoria dei quanti, il 14 dicembre 1900, fu Max Planck a far scoccare l'ora della nascita della fisica quantistica, divenendo al tempo stesso il padre della teoria dei quanti. Egli poté risolvere il problema della catastrofe ultravioletta nella distribuzione spettrale della radiazione del corpo nero introducendo, in modo davvero geniale, una formula completamente nuova per la radiazione.

Per inciso, è interessante riferire qui che Planck stesso considerò la sua formula come una sorta di "artificio": un'artificiosa modificazione della formula classica allo scopo di far coincidere la funzione di distribuzione spettrale prevista dalla teoria con quella misurata sperimentalmente. A questo proposito, egli sottolineò più volte che gli fu possibile trovare la soluzione solo dopo essersi visto costretto a un vero "gesto di disperazione". Tutto ciò è ancora più fantastico se si considera che la formula di Planck, grazie alla sua inedita *ipotesi quantistica*, era in grado di descrivere esattamente i risultati sperimentali, fino al limite di incertezza delle misure (che pure erano estremamente precise!).

Questa legge rivoluzionaria, che, in onore del suo creatore, finì per essere chiamata *legge della radiazione di Planck*, dice allora che

$$P(\nu; T) = \frac{8\pi\nu^2}{c^3} \frac{h\nu}{(e^{h\nu/k_B T} - 1)}. \tag{2.2}$$

Ma per ora non vogliamo cimentarci con la lunga e faticosa derivazione di questa formula, né con la sua costruzione precisa; vogliamo invece occuparci della fondamentale innovazione introdotta da Planck: la rivoluzionaria ipotesi quantistica.

La novità nell'equazione (2.2) da lui escogitata era infatti che, al contrario del classico modo di procedere, egli assumeva che tanto l'emissione quanto l'*assorbimento* della radiazione elettromagnetica all'interno del corpo nero fossero *quantizzate*. Di conseguenza, l'energia termica del corpo cavo doveva essere assorbita o ceduta dalle pareti sempre in piccole porzioni, i cosiddetti *quanti*, che rappresentano qualcosa come piccoli "pacchetti di energia". L'energia di un simile quanto, secondo l'ipotesi di Planck, doveva dipendere dalla frequenza ν e da una costante, il fattore $h = 6{,}626 \cdot 10^{-34}$ Js, che in seguito venne chiamato *la costante di Planck*, o *quanto di azione*. Così, l'energia di un quanto di radiazione elettromagnetica, secondo l'*ipotesi quantistica* di Planck, è data da:

$$E = h \cdot \nu . \tag{2.3}$$

Planck stesso poté ai suoi tempi fornire un valore notevolmente preciso per h. Per farlo, adattò il più possibile la legge della radiazione (2.2) da lui appena scoperta ai dati sperimentali, "dosando" opportunamente il valore della costante h. In seguito, il valore della costante di Planck poté essere calcolato con precisione notevolmente maggiore, attraverso la relazione $h = E/\nu$, per esempio con l'apparato sperimentale dell'effetto fotoelettrico, come vedremo nel capitolo 3.

Da che cosa dipende il contenuto di energia di un quanto di luce?

Quando dunque in seguito parleremo di *quanti* oppure di *quanti di luce*, intenderemo sempre, secondo l'equazione (2.2), "pacchettini di energia" del valore di $h\nu$, come richiede la formula esatta della legge della radiazione di Planck.

Abbiamo già incontrato nel capitolo 1 la relazione, valida per ogni onda,

$$c = \nu\lambda \tag{2.4}$$

che prevede che la velocità di propagazione c dell'onda sia pari al prodotto della sua frequenza ν e della sua lunghezza d'onda λ. Siccome la velocità di propagazione della radiazione elettromagnetica all'interno di un determinato mezzo è costante (nel vuoto, per esempio, ha il noto valore di circa 300 000 km/s), è possibile riformulare l'ipotesi quantistica di Planck (2.2) attraverso la relazione (2.4) in questo modo:

$$E = \frac{h\,c}{\lambda} \qquad (2.5)$$

dove c è la velocità della luce nel vuoto. Dalle formule (2.2) e (2.5) si può adesso riconoscere benissimo che l'energia di un quanto di luce è direttamente proporzionale alla sua frequenza e inversamente proporzionale alla sua lunghezza d'onda.

C'è ancora un'altra interessante relazione per l'energia di un quanto. In fisica quantistica si usa il simbolo $\hbar$ (che si legge "h tagliato") per indicare la più piccola unità dello *spin*, che per gli oggetti quantistici rappresenta una sorta di *momento* e che vale $h/2\pi$. Dunque

$$\hbar = \frac{h}{2\pi} \approx 1{,}055 \cdot 10^{-34}\,\text{Js}. \qquad (2.6)$$

Se sostituiamo questo $\hbar$ nell'equazione dell'ipotesi quantistica, otteniamo la relazione

$$E = \hbar \cdot 2\pi\nu. \qquad (2.7)$$

Dall'analisi del moto circolare uniforme (che non vogliamo sviluppare nuovamente qui) proviene la definizione di velocità angolare ω:

$$\omega = \frac{2\pi}{T}, \qquad (2.8)$$

che significa che la velocità angolare ω è il numero di giri compiuti nell'unità di tempo (un giro corrisponde a 2π radianti e il periodo T è proprio il tempo necessario per compiere un giro). Siccome il periodo T è l'inverso della frequenza con la quale avviene il moto circolare, cioè

$$\nu = \frac{1}{T}, \qquad (2.9)$$

dalle (2.8) e (2.9) segue che

$$\omega = 2\pi\nu, \qquad (2.10)$$

e sostituendo (2.10) nella (2.7) si ottiene

$$E = \hbar\omega. \qquad (2.11)$$

Per l'energia di un quanto siamo già a conoscenza delle relazioni

$$E = h\nu$$

$$= \frac{hc}{\lambda} \qquad (2.12)$$

$$= \hbar\omega \, .$$

Teniamoci bene in mente queste equazioni, perché nella fisica quantistica hanno un significato assolutamente fondamentale e nel corso del nostro viaggio attraverso il microcosmo faranno capolino praticamente a ogni passo.

Come interessante aneddoto sia ricordato infine che Planck, dal canto suo, vedeva il fatto che l'energia su scala microscopica fosse quantizzata (attraverso l'introduzione del fattore h) come una pura e semplice costruzione matematica, per consentire di calcolare anche teoricamente la distribuzione spettrale della radiazione del corpo nero ottenuta dagli esperimenti.

Fu solo nel 1905 che Albert Einstein, in seguito ai suoi studi sull'effetto fotoelettrico, poté provare che la quantizzazione dell'energia non giocava soltanto il ruolo di una costruzione matematica ausiliaria, inventata ad arte, ma rappresentava una proprietà fondamentale della radiazione elettromagnetica stessa.

3
L'effetto fotoelettrico

Che cos'è l'effetto fotoelettrico?

Già prima di Albert Einstein (1879–1955) si sapeva che, in determinate circostanze, era possibile "strappare" elettroni da una lastra di metallo esponendola ai raggi luminosi. Questo fenomeno, scoperto da Heinrich Hertz nel 1887, viene chiamato *effetto fotoelettrico*. Nel 1905, Einstein vi dedicò la propria attenzione per darne, di lì a poco, una spiegazione fisica nel suo celebre lavoro: *Un punto di vista euristico relativo alla generazione e alla trasformazione della luce*[1]. Va detto che, fino a quel momento, la situazione era imbarazzante, perché tra le previsioni della teoria ondulatoria classica della radiazione elettromagnetica e i fatti sperimentali sussistevano notevoli discrepanze.

L'apparato sperimentale necessario per misurare l'effetto fotoelettrico è, in linea di principio, relativamente semplice ed è schematicamente illustrato in figura 3.1.

Per prima cosa occorre un anello metallico, che fungerà da *anodo*, e una piastra, sempre di metallo, dalla quale verranno estratti gli elettroni per effetto fotoelettrico e che verrà detta *fotocatodo*. La radiazione elettromagnetica, passando attraverso l'anello metallico, verrà indirizzata sul fotocatodo, dove, eventualmente, provocherà l'emissione di elettroni. L'energia necessaria per liberare un elettrone dal metallo deve comunque provenire interamen-

---

[1] *Über einen die Erzeugung und Verwandlung des Lichts betreffenden heuristischen Gesichtspunkt*, pubblicato negli *Annalen der Physik* **17** (1905), pp. 132–148; una traduzione italiana si può trovare, per esempio, in E. Bellone (a cura di): *Albert Einstein, Opere Scelte* (Bollati Boringhieri, 1988), pp. 118–135.

Il bizzarro mondo dei quanti

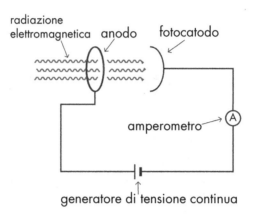

generatore di tensione continua

Fig. 3.1. L'apparato relativo al primo esperimento sull'effetto foto-elettrico

te dalla radiazione elettromagnetica. Questa energia viene detta *lavoro di estrazione* W_{est} e dipende dal materiale di cui è fatto il fotocatodo.

Se vengono liberati degli elettroni, questi "volano" in direzione dell'anello dando vita a un movimento di cariche e generando, di conseguenza, una corrente elettrica (nella situazione ideale, il fotocatodo e l'anodo dovrebbero trovarsi nel vuoto. Per questo, nella pratica, si utilizzano spesso le cosiddette *fotocellule*: contenitori di vetro, privi di aria o quasi, nei quali anodo e fotocatodo sono stati inglobati). Questa corrente elettrica può essere misurata inserendo un amperometro nel circuito (vedere fig. 3.1). L'intensità di corrente *I* registrata dall'amperometro è così una misura della quantità di elettroni liberati sul fotocatodo per effetto della radiazione elettromagnetica. Ricordiamo qui brevemente che l'*intensità di corrente I* è definita come la quantità di carica ΔQ che attraversa il circuito nell'intervallo di tempo Δt, cioè:

$$I = \frac{\Delta Q}{\Delta t}. \tag{3.1}$$

Il generatore di tensione continua che si vede in figura 3.1 non è strettamente necessario; tuttavia, grazie al suo impiego, è possibile rilevare con l'amperometro una frazione molto maggiore degli elettroni liberati dalla radiazione elettromagnetica che, altrimenti, se ne andrebbero inosservati in direzioni diverse. Per una misura qualitativa dell'effetto fotoelettrico, comunque, questo generatore di tensione non è indispensabile.

Che c'è di non-classico nell'effetto fotoelettrico?

1° Esperimento

Secondo la teoria ondulatoria classica della radiazione elettromagnetica, l'energia necessaria per strappare l'elettrone dal reticolo metallico può essere accumulata progressivamente fino a raggiungere il valore necessario affinché l'elettrone possa liberarsi. A seconda dell'intensità della radiazione incidente, l'elettrone non dovrebbe quindi fare altro che attendere, più o meno a lungo, il raggiungimento di questo valore dell'energia. In ogni caso, comunque, l'estrazione di un elettrone, di per sé, dovrebbe essere sempre possibile, purché si esponga il metallo alla radiazione elettromagnetica per un tempo sufficientemente lungo.

Procedimento. La sorgente di radiazione elettromagnetica utilizzata nell'esperimento dovrebbe essere il più possibile *monocromatica*; questo significa solo che dovrebbe contenere onde elettromagnetiche (grosso modo) di un'unica frequenza o, se si preferisce, di un'unica lunghezza d'onda (perché ciò sia importante, sarà evidente tra breve).

A questo punto, utilizzando l'apparato già illustrato in figura 3.1, si fa variare l'*intensità* della radiazione elettromagnetica e si osserva la variazione dell'intensità di corrente. Ripetiamo questo esperimento più volte, con radiazione elettromagnetica di diverse frequenze.

Risultati. Dobbiamo constatare a questo punto che, sorprendentemente, per tutti i valori della frequenza al di sotto di una determinata soglia, l'amperometro non registra alcuna corrente. Questo vuol dire che non vengono liberati elettroni dal fotocatodo. Solo al di sopra di questa *frequenza limite* della radiazione elettromagnetica si registra una corrente *I* diversa da zero, il che significa che solo in queste condizioni possono venire liberati gli elettroni.

In questa circostanza, inoltre, l'intensità di corrente – e quindi il numero di elettroni estratti – cresce al crescere dell'intensità della radiazione incidente. Tuttavia, per valori bassi dell'intensità luminosa, l'emissione di elettroni non richiede più tempo, ma avviene istantaneamente, senza alcun ritardo rispetto a intensità superiori. **Conclusioni.** L'esperimento mostra che gli elettroni possono venir liberati dal reticolo metallico soltanto quando la frequenza della radiazione incidente supera un valore limite e tutto ciò *indipendentemente* dall'intensità lunimosa. Di conseguenza, non è possibile accumulare energia con continuità sugli elettroni.

Per di più, l'emissione di elettroni avviene senza un ritardo, diversamente da quanto prevede la teoria classica ("accumulare energia richiede tempo").

2° Esperimento

La teoria classica prevede anche che l'energia cinetica degli elettroni, cioè la quantità

$$E_{cin} = \tfrac{1}{2}mv^2 , \qquad (3.2)$$

dipenda dall'intensità della radiazione: quanto più quest'ultima è grande, tanto più elevata è l'energia cinetica degli elettroni.

Procedimento. Per verificare sperimentalmente questa ulteriore previsione della teoria ondulatoria classica della luce, dobbiamo apportare qualche modifica all'apparato del primo esperimento (vedere fig. 3.2). Sostituiamo cioè il generatore di tensione usato in precedenza, con un generatore regolabile di tensione continua, che inseriamo nel circuito con polarità invertita rispetto a prima. Dopodiché, in parallelo rispetto al generatore, colleghiamo al circuito un voltmetro, per misurare la differenza di potenziale esistente tra anodo e fotocatodo.

Siccome questa volta l'anodo è collegato al polo negativo del generatore, gli elettroni in arrivo dal fotocatodo, anch'essi negativi, vengono rallentati. Il potenziale derivante dalla tensione contraria decelera gli elettroni in volo verso

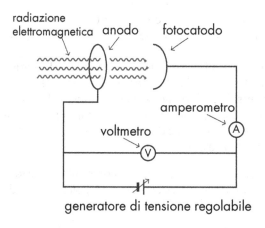

radiazione
elettromagnetica   anodo   fotocatodo

amperometro
voltmetro

generatore di tensione regolabile

Fig. 3.2. L'apparato relativo al secondo esperimento sull'effetto fotoelettrico

l'anello e li frena con un'energia pari a

$$E_{fren} = e \cdot U. \tag{3.3}$$

L'energia di frenata E_{fren} è, cioè, data dal prodotto della carica elementare e (la carica di un elettrone) per la differenza di potenziale U esistente tra il fotocatodo e l'anodo. Per ricavare l'energia cinetica degli elettroni al variare dell'intensità luminosa, è allora sufficiente regolare il valore della tensione U in modo tale che, ogni volta, gli elettroni vengano frenati al punto da non riuscire (praticamente) più a raggiungere l'anello, ossia facendo in modo che l'amperometro non registri più alcuna corrente. In queste condizioni varrà

$$0 = E_{cin} - E_{fren}. \tag{3.4}$$

La *tensione contraria* U^* necessaria allo scopo è così una misura dell'energia cinetica degli elettroni estratti dal metallo. Ripetiamo questo esperimento molte volte, per diversi valori della frequenza della radiazione incidente.

Risultati. Diversamente da quanto previsto, la tensione contraria U^* che serve per frenare completamente gli elettroni non cambia al mutare dell'intensità della radiazione e dunque è indipendente da essa. Tuttavia, il valore di U^* aumenta al crescere della frequenza della radiazione impiegata. **Conclusioni.** Si è dunque dimostrato che l'energia cinetica degli elettroni è indipendente dall'intensità della radiazione; essa dipende invece dalla *frequenza* della radiazione: quanto maggiore è la frequenza, tanto più grande è la tensione U^* richiesta e dunque tanto maggiore è l'energia cinetica degli elettroni.

I risultati del primo e secondo esperimento sull'effetto fotoelettrico non sono allora spiegabili classicamente, poiché contraddicono le previsioni della teoria classica.

Come risolse Einstein queste contraddizioni?

Il contributo decisivo di Einstein in questa faccenda fu di notare che i risultati degli esperimenti sull'effetto fotoelettrico potevano essere spiegati ricorrendo all'*ipotesi quantistica* di Planck. Difatti, ammettendo che la radiazione elettromagnetica fosse costituita da un flusso di quanti di luce e cioè da singole porzioni isolate di energia, egli poté far quadrare i conti nel modo che ora illustreremo.

1° Esperimento

Premettiamo una definizione: si dice *intensità* della radiazione elettromagnetica, e si indica con I, la quantità di energia ΔE che attraversa la superficie ΔA nell'unità di tempo Δt, secondo la relazione:

$$I = \frac{\Delta E}{\Delta t \cdot \Delta A}, \tag{3.5}$$

nella quale, stando all'elettrodinamica classica, per ogni frequenza fissata della radiazione elettromagnetica, l'energia ΔE può assumere con continuità tutti i valori reali.

Abbiamo anche visto che, secondo l'ipotesi quantistica di Planck (vedere cap. 2), emissione e assorbimento della radiazione elettromagnetica avvengono sempre ed esclusivamente in quanti di grandezza

$$\Delta E = h\nu \tag{3.6}$$

o anche, trasformando questa formula in virtù della relazione $c = \nu\lambda$,

$$\Delta E = \frac{hc}{\lambda}. \tag{3.7}$$

Einstein riuscì a spiegare gli strani risultati degli esperimenti formulando l'idea rivoluzionaria che la luce possedesse questa natura quantizzata non solo nei processi di assorbimento ed emissione, ma sempre: egli immaginò cioè che, sempre, essa fosse disponibile esclusivamente in quanti di energia ΔE. Secondo la sua teoria, dunque, l'energia della radiazione elettromagnetica esiste solo in forma quantizzata ed è costituita da un flusso di quanti di luce, che vengono chiamati *fotoni*.

Poiché ciascuno di questi fotoni è indivisibile e può cedere la sua energia a un solo elettrone del fotocatodo, se si aumenta l'intensità della radiazione, cioè se si incrementa il numero di fotoni in arrivo sul fotocatodo per unità di superficie e per unità di tempo (vedere la formula 3.5), aumenta anche il numero di elettroni che vengono estratti. Il contenuto di energia di *ogni singolo* fotone, tuttavia, è assolutamente indipendente dal numero di fotoni che piovono sul fotocatodo per unità di tempo e superficie e non sta dunque in alcuna relazione con l'intensità della radiazione elettromagnetica. Il contenuto energetico di ciascun fotone dipende alla fine soltanto dalla sua frequenza (vedere formula 3.6) o, se si preferisce, dalla sua lunghezza d'onda (formula 3.7) e da nient'altro al di fuori di queste due grandezze.

Se l'energia del singolo fotone in arrivo, a causa della sua frequenza troppo bassa, non è sufficiente per compiere sull'elettrone il lavoro di estrazione, non è possibile liberare elettroni; non importa quanti fotoni arrivino sul fotocatodo per unità di tempo e superficie: in questa situazione non serve a nulla aumentare l'intensità della radiazione. Deve esistere allora una *frequenza limite* ν_{min} che soddisfa la relazione

$$\nu_{min} = \frac{W_{est}}{h}, \tag{3.8}$$

in quanto, per poter liberare elettroni dal fotocatodo, l'energia del fotone deve almeno eguagliare il lavoro di estrazione. Solo al di sopra di questa frequenza limite è possibile estrarre gli elettroni e misurare una corrente con l'amperometro.

2° Esperimento

Prendiamo di nuovo le mosse dall'estensione dell'ipotesi di Planck fatta da Einstein. Se un fotone di energia E_{fot} incontra un elettrone e se E_{fot} è maggiore di W_{est}, allora l'elettrone può essere liberato dal metallo. Che succede però alla differenza di energia $E_{fot} - W_{est}$? Semplicissimo: va da sé che l'energia del fotone in eccesso viene trasformata nell'energia cinetica risultante dell'elettrone.

Einstein espresse ciò con la seguente equazione, chiamata anche *equazione di Einstein*:

$$E_{cin} = h\nu - W_{est}. \tag{3.9}$$

Da questa formula si vede chiaramente che l'energia cinetica dell'elettrone dipende solo dalla frequenza e non dall'intensità della radiazione elettromagnetica. Di conseguenza, ripetendo l'esperimento con fotoni di frequenza sempre maggiore, anche l'energia cinetica degli elettroni aumenta ogni volta. L'aumento dell'intensità della radiazione, al contrario, fa crescere solamente il numero di fotoni che arrivano sul fotocatodo per unità di superficie e nell'unità di tempo, ma non provoca un aumento dell'energia cinetica degli elettroni estratti.

La spiegazione teorica dell'effetto fotoelettrico attraverso la quantizzazione della radiazione elettromagnetica è così del tutto in accordo con le osservazioni fatte negli esperimenti sopra descritti.

Come è possibile ricavare da tutto ciò un valore per *h*?

Un ulteriore vantaggio offerto dagli esperimenti sull'effetto fotoelettrico è che attraverso di essi è possibile determinare sperimentalmente un valore per la costante di Planck *h*. Infatti, guardando attentamente l'equazione di Einstein (3.9), si nota chiaramente che essa ha la stessa forma dell'equazione di una retta:

$$E_{cin} = h\nu - W_{est} \tag{3.10}$$

$$y = mx + q. \tag{3.11}$$

Se si rappresentano le frequenze della radiazione elettromagnetica sull'asse *x* di un sistema di riferimento cartesiano ortogonale e i valori corrispondenti dell'energia cinetica degli elettroni estratti sull'asse y, riportando nel grafico i dati ottenuti negli esperimenti, si ottiene una retta. Come si può riconoscere dal confronto con l'equazione esplicita (3.11), questa retta ha pendenza pari a h e intersezione con l'asse y uguale a $-W_{est}$. Un grafico come questo, ottenuto effettivamente da dati sperimentali, è riportato in figura 3.3. Siccome la retta interseca l'asse y a circa $-3, 36 \cdot 10^{-19}$ J, il materiale di cui era fatto il fotocatodo in questo esperimento è caratterizzato dall'avere un lavoro di estrazione pari a circa $3, 36 \cdot 10^{-19}$ J. Cambiando il materiale, si ottiene un diverso valore di W_{est} nell'equazione (3.10) e, di conseguenza, un diverso valore per l'intersezione della retta con l'asse. Il grafico risulta così traslato parallelamente a se stesso.

Poiché l'ipotesi quantistica di Planck applicata da Einstein per spiegare i fenomeni che intervengono nell'effetto fotoelettrico si riferisce all'energia dei fotoni che colpiscono il fotocatodo, dovrebbe essere possibile determinare il valore della costante di Planck invertendo la relazione che lega h ai dati sperimentali:

$$h = \frac{E_{fot}}{\nu_{fot}}. \tag{3.12}$$

Per calcolare il valore di h occorre ora solamente conoscere l'energia dei fotoni. Quest'ultima, logicamente, è pari alla somma

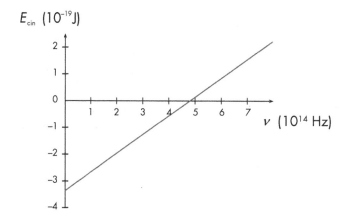

Fig. 3.3. Interpretazione grafica del 2° esperimento

dell'energia cinetica degli elettroni estratti e del lavoro di estrazione specifico del materiale impiegato per il fotocatodo, cioè:

$$E_{fot} = E_{cin} + W_{est} \qquad (3.13)$$

e, attraverso la (3.3), abbiamo dunque:

$$E_{fot} = e \cdot U^* + W_{est} . \qquad (3.14)$$

Il valore di h determinabile sperimentalmente, dalle equazioni (3.12) e (3.14), si può quindi calcolare come

$$h = \frac{e \cdot U^* + W_{est}}{\nu_{fot}} . \qquad (3.15)$$

Con questa tecnica, il valore della costante di Planck ottenuto sperimentalmente nei grossi centri di ricerca, avvalendosi di apparecchiature costose, è di circa $6{,}626 \cdot 10^{-34}$ Js.

Grazie a questa spiegazione di Einstein dell'effetto fotoelettrico attraverso l'estensione dell'ipotesi quantistica di Planck, divenne definitivamente chiaro che la costante di Planck e la nuova ipotesi quantistica – inizialmente considerata dallo stesso autore un semplice "artificio" – avevano un significato ben più profondo e fondamentale di quanto non fosse stato riconosciuto in un primo momento.

4

L'esperimento della doppia fenditura

Che cos'è l'esperimento della doppia fenditura?

La complicata questione se la luce è fatta di *particelle* o di *onde* ha rappresentato da sempre un enigma insolubile, tanto per gli antichi filosofi quanto per i primi scienziati. Effettivamente, come vedremo in dettaglio più avanti, nemmeno ai nostri giorni è possibile dare a questa domanda una risposta univoca, in un senso o nell'altro. Da sempre questo dilemma è stato al centro di intense discussioni e ha suscitato battaglie appassionate tra i sostenitori delle opposte teorie. Se si dà uno sguardo retrospettivo alle visioni dominanti nella storia della fisica, si ha davvero l'impressione di assistere a una specie di partita a tennis tra le due teorie.

L'*esperimento della doppia fenditura*, proposto nel 1801 dal versatile talento inglese Thomas Young (1773–1829), sembrò tuttavia deporre definitivamente a favore della *teoria ondulatoria della luce*. Secondo un aneddoto divertente, l'idea di occuparsi della capacità di interferenza della luce sarebbe venuta in mente a Young in seguito a ingenue osservazioni naturali. Guardando delle anatre che nuotavano sulla superficie d'acqua di uno stagno, egli notò come le onde causate dai loro corpi in movimento si sovrapponessero indisturbate le une alle altre. Ispirato da questa scoperta, concepì finalmente il suo *esperimento delle due fenditure con la luce*.

Prima di questo importante esperimento, l'immagine del mondo fisico era condizionata in larghissima misura dal successo delle teorie dell'inglese Isaac Newton (1643-1727), il quale, con la formulazione della meccanica classica, pose una delle più importanti – se non *la* più importante – pietra miliare della fisica classica, entrando da padrone nei canoni della fisica. Fu sempre lui, nel suo trattato sull'ottica, a sostenere la *teoria corpuscolare* della luce, per mezzo della quale poté spiegare le leggi di riflessione e rifrazione. Secondo la sua teoria, la luce bianca doveva essere composta da particelle di colori diversi, chiamate *corpuscoli*. Un raggio di luce bianca rappresentava quindi un flusso di corpuscoli e conteneva particelle di luce dei più svariati colori.

All'epoca esisteva già anche una teoria ondulatoria della luce, in grado di spiegare tanto la riflessione quanto la rifrazione della luce, come mostrò il fisico olandese Christian Huygens (1629-1695), tuttavia, il successo e l'autorità straordinari di Newton (e la sua irascibilità) non lasciavano alcuna chance, nell'ambiente scientifico, alle teorie diverse dalle sue: presso i colleghi, egli, saccentemente, di fronte a opinioni discordanti dalle sue, si adoperava sempre per far prevalere le proprie e, nel caso opposto di convergenza di vedute, litigioso e collerico, pretendeva di essere stato il primo a scoprire la teoria. Fu così che la teoria corpuscolare di Newton, per circa 100 anni, godette di una quasi indiscussa stabilità.

Tuttavia, l'esperimento della doppia fenditura di Young dovette a questo punto riportare alla ribalta la teoria ondulatoria della luce. Questo importantissimo esperimento è costruito come mostrato in figura 4.1.

Fig. 4.1. L'esperimento della doppia fenditura con la luce, visto di lato

Una sorgente luminosa emette luce, per quanto possibile monocromatica e coerente, su una lastra non trasparente, sulla quale sono state praticate due strette fenditure. Alle spalle della doppia fenditura si colloca uno schermo, sul quale verrà proiettata la parte di luce in grado di attraversare le fessure e che servirà per analizzare i risultati dell'esperimento.

Che succede nell'esperimento della doppia fenditura con la luce?

Immaginiamoci, per prima cosa, che la sorgente non emetta qualcosa di impalpabile come la luce, ma che emetta invece oggetti concreti e tangibili, a noi più familiari, come per esempio (idealmente) palloni da calcio che un pessimo giocatore, arbitrariamente e senza scopo, tira contro la doppia fenditura, a sua volta pensata come un muro con due finestre lunghe e strette.

In queste condizioni è un gioco da ragazzi immaginare quale sarà la *distribuzione delle probabilità* di arrivo dei palloni sullo schermo al di là del muro: dietro ogni buco si accumulerà una grande quantità di palloni, indipendentemente dal fatto che ci sia o no anche l'altro buco. Detto in termini formali, nel caso dell'esperimento della doppia fenditura con i palloni, vale allora la seguente relazione:

$$P_{1+2} = P_1 + P_2, \qquad (4.1)$$

cioè la distribuzione di probabilità di arrivo P_{1+2} in seguito all'apertura di entrambe le fenditure è uguale alla somma delle singole distribuzioni di probabilità P_1 e P_2, dovute rispettivamente all'apertura della sola fessura 1 o della sola fessura 2.

In seguito a una delle generalizzazioni che si è soliti fare in fisica, ci aspettiamo intuitivamente che la validità della relazione (4.1) si possa estendere a palle da tennis, palline da ping-pong, biglie, ecc., in quanto si tratta di gruppi di oggetti che, dal punto di vista fisico, sostanzialmente differiscono di poco.

Fessura singola

Tornando adesso al caso della luce e immaginando che questa abbia natura corpuscolare, ci aspettiamo di ottenere sullo schermo

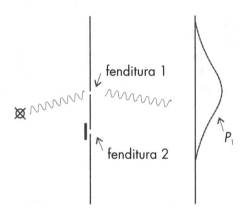

Fig. 4.2. La distribuzione di probabilità di arrivo dei fotoni quando si apre solamente la fenditura 1

di proiezione una distribuzione di probabilità di arrivo dei fotoni simile a quella dei palloni.

Riportiamo qui, nei casi dell'apertura di una sola fessura, lo schema in sezione dell'esperimento delle due fenditure con la luce. La figura 4.2 mostra i risultati che ci attendiamo se apriamo soltanto la fessura 1, mentre la figura 4.3, più avanti, mostra cosa dovrebbe succedere aprendo solamente la fessura 2. In entrambi i casi, sulla sinistra si trova la sorgente dei raggi luminosi, al centro c'è la doppia fenditura e a destra lo schermo di proiezione, con il grafico dell'usuale distribuzione delle probabilità di arrivo dei fotoni.

Se dunque conduciamo l'esperimento aprendo solamente la fenditura 1, come si può vedere in figura 4.2, teoricamente dovremmo osservare sullo schermo un'unica striscia chiara dietro la fessura, all'incirca della stessa larghezza della fessura stessa.

Eseguendo effettivamente questo esperimento, otteniamo sullo schermo esattamente la *probabilità di arrivo* P_1 attesa per i fotoni, cioè una distribuzione di intensità della luce classica. Tuttavia, la striscia luminosa si presenta un po' allargata e sfumata sui lati a causa di effetti di deviazione ai bordi della fenditura, effetti previsti, tra l'altro, dalla teoria ondulatoria della luce di Huygens. Queste *deviazioni ai bordi* della fenditura insorgono sempre quando la larghezza della fessura è dello stesso ordine di grandezza

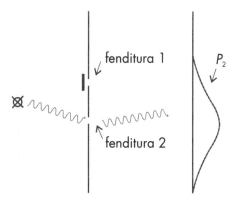

Fig. 4.3. La distribuzione di probabilità di arrivo dei fotoni all'apertura della sola fenditura 2

della lunghezza d'onda della luce in arrivo. Per la distribuzione di probabilità di arrivo dei fotoni si ottiene dunque una ideale campana di Gauss.

Ovviamente, nulla cambia se nell'esperimento apriamo soltanto la fenditura 2. Anche in questo caso, dunque, otteniamo una distribuzione dell'intensità luminosa espressa dalla curva di Gauss, come si può vedere in figura 4.3.

Doppia fessura

Le nostre riflessioni sull'esperimento della doppia fenditura con palloni da calcio o analoghi oggetti "impacchettabili", ci spingono adesso a supporre che se apriamo contemporaneamente le fessure 1 e 2, la distribuzione di probabilità finale dei fotoni debba eguagliare la somma delle distribuzioni ottenute aprendo solo la fenditura 1 o solo la fenditura 2. Questo, indubbiamente, è quanto corrisponderebbe alla nostra esperienza quotidiana con palloni, biglie, ecc.

Ebbene, eseguendo realmente l'esperimento dobbiamo invece constatare che *le cose non stanno così!*

Conducendo realmente l'esperimento della doppia fenditura con la luce, otteniamo una distribuzione dell'intensità luminosa completamente diversa, simile a quella mostrata in figura 4.4. Quello che appare sullo schermo è cioè un motivo a strisce, a prima

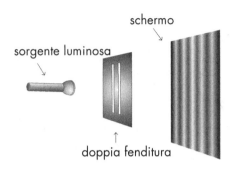

Fig. 4.4. La figura di interferenza che si ottiene dall'esperimento reale

vista inspiegabile, nel quale si può riconoscere una successione regolare di striature chiare e scure. Dunque, nell'esperimento con la luce, è ovvio che

$$P_{1+2} \neq P_1 + P_2 \, . \tag{4.2}$$

I fotoni che attraversano la fenditura 1 e quelli che arrivano dalla fenditura 2 non possono essere semplicemente sommati tra loro come succedeva con i palloni da calcio. Il meccanismo effettivo è evidentemente più sottile.

Come si spiega il motivo a strisce?

A guardar bene, il fenomeno per cui, in determinate circostanze, può succedere che *qualcosa + qualcosa = niente*, non è del tutto impensabile. Se, per esempio, si lasciano cadere due pietre in acqua, una vicina all'altra, attorno a ciascuna di esse si originano onde superficiali concentriche che si sovrappongono e si compenetrano reciprocamente (cioè *interferiscono*). Nei punti in cui le due onde si incontrano presentando entrambe la cresta dell'onda o entrambe la valle (vedere fig. 4.5, parte sinistra), gli scostamenti dal livello dell'acqua a riposo si rafforzano. Si parla in questo caso di *interferenza costruttiva*. Se invece la cresta di un'onda incontra la valle dell'altra (vedere fig. 4.5, parte destra), gli spostamenti dalla posizione di riposo della superficie dell'acqua si cancellano a vicenda e in quel punto non si registra di fatto alcuna onda. In questa circostanza si parla di *interferenza distruttiva*.

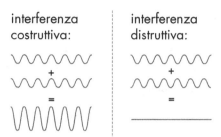

interferenza costruttiva:	interferenza distruttiva:

Fig. 4.5. Il principio dell'interferenza: l'addizione delle singole elongazioni porta all'elongazione risultante dell'onda

Comprendere il fenomeno dell'interferenza delle onde sull'acqua è dunque abbastanza semplice. Attraverso ulteriori esperimenti è possibile mostrare che ogni tipo di onda possiede la capacità di interferire. Interferiscono quindi anche le onde sonore longitudinali, le onde su una corda tesa, le onde trasversali prodotte su una lunga molla, ecc.

Gli oggetti corpuscolari come palloni, palline, biglie e simili, al contrario, non possono interferire, come abbiamo appurato sopra. Di conseguenza si può concludere che la capacità di interferire sia una proprietà da ascrivere alle sole onde.

Se pensiamo alla luce come a un'onda, possiamo spiegare il suo comportamento nel passaggio attraverso le due fenditure con l'aiuto dell'interferenza che interviene, in generale, ogni volta che le onde si sovrappongono: nei punti in cui si incontrano cresta con cresta e valle con valle, si ha interferenza costruttiva e sullo schermo di proiezione si originano strisce chiare; nei punti in cui invece le creste incontrano le valli, si ha interferenza distruttiva e otteniamo le strisce scure sullo schermo.

Se si vuole determinare l'*elongazione* risultante $y_{1+2}(t)$, cioè lo spostamento complessivo dalla posizione di quiete, al tempo t, delle onde che interferiscono in un punto concreto x, come si è già detto prima, si sommano le singole elongazioni $y_1(t)$ e $y_2(t)$ delle onde in quel punto, tenendo in considerazione i loro segni (vedere per questo la fig. 4.5). L'elongazione risultante nel punto x, al tempo t, è allora:

$$y_{1+2}(x; t) = y_1(x; t) + y_2(x; t) \,. \tag{4.3}$$

Per l'*ampiezza* (= elongazione massima) nel punto *x* si ha quindi la formula:

$$\bar{y}_{1+2}(x) = \bar{y}_1(x) + \bar{y}_2(x) . \qquad (4.4)$$

Siccome l'*intensità* di un'onda nel punto *x* è definita come il quadrato della sua ampiezza

$$I_1(x) = \bar{y}_1^2(x) \quad \text{risp.} \quad I_2(x) = \bar{y}_2^2(x) , \qquad (4.5)$$

dalle equazioni (4.4) e (4.5) segue allora che l'intensità dell'onda risultante nel punto *x* vale:

$$I_{1+2}(x) = (\bar{y}_1(x) + \bar{y}_2(x))^2 . \qquad (4.6)$$

A questo punto possiamo riconoscere definitivamente la differenza tra la distribuzione di probabilità di oggetti corpuscolari che attraversano la doppia fenditura, espressa dall'equazione (4.1), e la distribuzione di intensità delle onde nello stesso esperimento, data dall'equazione (4.6), in quanto per quest'ultima, come abbiamo appena visto, la distribuzione di intensità risultante I_{1+2} non è uguale alla somma delle singole distribuzioni I_1 e I_2, cioè

$$I_{1+2}(x) \neq I_1 + I_2 = \bar{y}_1^2(x) + \bar{y}_2^2(x) . \qquad (4.7)$$

La distribuzione dell'intensità della radiazione elettromagnetica, dal punto di vista della teoria quantistica, non è nient'altro che la distribuzione di probabilità di arrivo *P* dei fotoni. Siccome i fotoni sono *particelle* (di luce), in realtà dovrebbe valere per loro l'equazione (4.1). L'esperimento ci mostra invece che occorre adottare un modello ondulatorio della luce per poter spiegare ciò che accade e calcolare la distribuzione di intensità trovata.

Allora la luce è un'onda?

Una simile affermazione è problematica, perché stabilire che cosa sia un oggetto così contro intuitivo come la radiazione elettromagnetica, senz'altro non è possibile. Tuttavia possiamo almeno dire chiaramente che la radiazione elettromagnetica è qualcosa che non si lascia descrivere in termini del nostro classico e macroscopico schema di comprensione "onda *oppure* particella".

E alla fine è così: in certi esperimenti (per esempio la doppia fenditura) la luce mostra un carattere ondulatorio, mentre in altri (per esempio l'effetto fotoelettrico) sfoggia una natura corpuscolare. Tuttavia, le nostre classiche immagini di onda o particella sono qui solamente dei *modelli formali*, cioè delle semplici *ipotesi di lavoro*, per descrivere qualcosa che sfugge talmente alla nostra esperienza quotidiana e alla nostra capacità di immaginazione, come solo gli oggetti del microcosmo sanno fare. La luce era già qualcosa di affascinante e lo rimane ancora, non da ultimo, proprio a causa di questa sua "schizofrenia quantomeccanica".

5
L'esperimento della doppia fenditura con gli elettroni

L'esperimento della doppia fenditura può essere condotto anche con gli elettroni?

Ora che sappiamo che la radiazione elettromagnetica, nell'esperimento delle due fenditure, mostra un carattere ondulatorio, potremmo essere curiosi di sapere che succede quando, al posto della luce, utilizziamo come sorgente un fascio di elettroni, cioè un flusso di "autentiche particelle" (qualunque cosa questo significhi). Per farlo, è sufficiente modificare l'apparato dell'esperimento di Young in modo da poterlo usare anche con gli elettroni.

Dal punto di vista pratico, però, questo semplice proposito si rivela di difficilissima realizzazione. Fino alla metà del secolo scorso, la quasi totalità della comunità scientifica era del parere che un simile esperimento non si sarebbe mai potuto fare. Nel 1957, tuttavia, a dispetto delle previsioni, l'allora dottorando Claus Jönsson riuscì sorprendentemente nell'impresa. Per il suo esperimento, egli produsse fogli metallici con fessure di larghezza pari a circa 0,5 μm (= 0,5 · 10^{-6} m). Inoltre, riuscì a risolvere il problema di come ingrandire le tracce estremamente deboli che gli elettroni lasciavano sullo schermo, in modo da poter apprezzare la figura prodotta.

Che succede nell'esperimento della doppia fenditura con gli elettroni?

La costruzione e le modalità di svolgimento dell'esperimento con gli elettroni, come si può immaginare, sono essenzialmente identiche a quelle per la radiazione elettromagnetica. L'unica vera differenza consiste nella sostituzione dello schermo di proiezione utilizzato nel caso della luce, con una apposita lastra che rivela l'eventuale arrivo dei singoli elettroni annerendosi parzialmente.

Fenditura singola

Una sorgente di elettroni invia un fascio di elettroni sulla doppia fenditura. Gli elettroni che attraversano le fenditure vengono rilevati sulla lastra (vedere fig. 5.1). Eseguendo l'esperimento con la sola apertura della fenditura 1, si ottiene una distribuzione di probabilità di arrivo che, come c'era da aspettarsi, ha valori molto alti nella zona direttamente alle spalle della fenditura e tende ad annullarsi man mano che ci si allontana ai lati. Se poi apriamo la sola fenditura 2, ci aspettiamo di nuovo la stessa distribuzione, stavolta concentrata dietro la seconda fenditura.

Qui salta naturalmente agli occhi la notevole somiglianza qualitativa che questa distribuzione della probabilità di arrivo degli elettroni ha con quella corrispondente della radiazione elettroma-

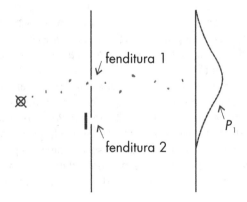

Fig. 5.1. La distribuzione di probabilità di arrivo degli elettroni all'apertura della sola fenditura 1

gnetica. Questo non dovrebbe destare preoccupazioni, perché, come vedremo più avanti nel capitolo 7, discutendo la relazione di indeterminazione di Heisenberg, anche all'interno del modello corpuscolare, in meccanica quantistica, questo fenomeno della *deviazione ai bordi* può trovare spiegazione.

Doppia fenditura

Se facciamo il passo successivo e apriamo entrambe le fenditure, ci aspettiamo una distribuzione di probabilità di arrivo degli elettroni che corrisponde alla somma delle singole distribuzioni P_1 e P_2, cioè

$$P_{1+2} = P_1 + P_2, \qquad (5.1)$$

in quanto, come si è già detto nel capitolo 4, nel caso di oggetti corpuscolari come gli elettroni, bisogna aspettarsi che alle spalle delle fenditure si formi un "mucchio" di particelle, che è la somma dei due singoli "mucchi" originali.

Purtroppo l'esperimento ci mostra ancora una volta che *le cose non stanno così!* Al posto della distribuzione attesa, rappresentata in figura 5.2, otteniamo di nuovo una figura di interferenza, del tipo di quella osservata nell'esperimento con la radiazione elettro-

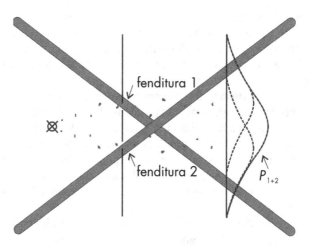

Fig. 5.2. La distribuzione di probabilità di arrivo degli elettroni che ci aspetteremmo aprendo entrambe le fenditure

magnetica. Dunque anche nell'esperimento della doppia fenditura con gli elettroni si verifica che

$$P_{1+2} \neq P_1 + P_2 . \qquad (5.2)$$

Pertanto è certamente impossibile spiegare questa figura di interferenza attraverso un *modello corpuscolare* degli elettroni, poiché tale modello prevede una distribuzione completamente diversa per la probabilità di arrivo degli elettroni sulla lastra da quella ottenuta sperimentalmente. Volenti o nolenti, a questo punto bisogna abituarsi all'idea che, in certe condizioni, anche gli elettroni possano – e a volte debbano – essere descritti attraverso un *modello ondulatorio*, in quanto, evidentemente, una possibilità alternativa di spiegare le cose mantenendo il modello corpuscolare non c'è. Ricorrendo al modello ondulatorio degli elettroni, invece, la figura di interferenza ottenuta sperimentalmente potrebbe essere giustificata così: le strisce chiare e scure che si osservano sulla lastra sono dovute, rispettivamente, all'interferenza distruttiva e costruttiva degli elettroni-onda.

È davvero impossibile spiegare la figura a strisce in un altro modo?

In proposito si potrebbe ancora ribattere che gli elettroni sono da intendere come onde soltanto a grandi linee. In fondo ci si potrebbe anche immaginare che gli elettroni (visti d'ora innanzi dalla prospettiva del modello corpuscolare), dietro la doppia fenditura, interagiscano in qualche modo tra loro, così da poter raggiungere solo certe zone della lastra, corrispondenti alle strisce annerite. Ci si sta chiedendo, cioè, se non sia possibile che un elettrone che sta volando attraverso la fenditura 1, accorgendosi di un altro elettrone proveniente dalla fenditura 2, possa in qualche modo mettersi d'accordo con lui (per esempio interagendo attraverso qualche particella di scambio) su quale sarà il punto della lastra nel quale andranno a finire. Non sarebbe possibile anche una spiegazione del genere?

Dal punto di vista strettamente teorico, si potrebbe così spiegare la figura di interferenza e, al contempo, tenere in piedi il modello corpuscolare degli elettroni. Per questo, nel seguito, verificheremo questa ipotesi per vedere se essa può essere confermata dai dati ottenuti sperimentalmente. È infatti possibile, dal punto di vista sperimentale, ridurre talmente l'intensità della sorgente di elettroni da fare in modo che, a un qualunque istante di tempo *t*, un solo elettrone venga a trovarsi all'interno dell'apparato sperimentale. In questo modo si impedisce qualunque interazione tra gli elettroni provenienti dalla fenditura 1 e gli elettroni che attraversano la fenditura 2. Un elettrone che vola attraverso la fenditura 1 non può così sapere se anche l'altra fenditura è aperta (o addirittura se esiste) e deve così colpire la lastra secondo la distribuzione di probabilità di arrivo corrispondente all'apertura di un'unica fenditura.

Se lasciamo dunque andare avanti un simile esperimento per un lungo periodo e osserviamo alla fine lo schermo, dovremmo scoprire una distribuzione di probabilità di arrivo corrispondente esattamente alla somma delle singole distribuzioni di probabilità relative al 50% circa degli elettroni che sono passati per la fenditura 1 e all'altro 50%, che ha invece attraversato la 2. Detto altrimenti:

$$P_{1+2} = P_1 + P_2 , \qquad (5.3)$$

e questo perché ogni singolo elettrone-particella può attraversare una sola delle due fenditure e non è così nella condizione di poter "sapere" dell'esistenza dell'altra fenditura. Dunque, ogni singolo elettrone "crede" di attraversare una fenditura singola e deve di conseguenza contribuire a lasciare sullo schermo la distribuzione di probabilità di arrivo caratteristica della fenditura singola. Ci aspettiamo così di ammirare sullo schermo la distribuzione P_{1+2} (vedere la formula (5.3)), così come è rappresentata in figura 5.2.

Ma, come c'era da aspettarsi, con la nostra ipotesi siamo completamente fuori pista. La ripetizione dell'esperimento della doppia fenditura ci mostra che perfino utilizzando *singoli* elettroni si ottiene una figura di interferenza[1]. Da qui nascono diverse domande: come può avvenire una cosa del genere? I singoli elettroni devono decidersi per una delle due fenditure. Se però attraversano una sola fenditura, come può originarsi da ciò una figura di interferenza? Dovrebbero in qualche modo dividersi in due e attraversare contemporaneamente le due fenditure per interferire con se stessi al di là di esse, o cos'altro?

---

[1] Chi a questo punto dovesse sentirsi già prossimo alla disperazione pazienti ancora un po': nel capitolo 7, infatti, le cose andranno ancora peggio ;-).

Il problema qui è che gli elettroni sono indivisibili. Se ci si immagina un ulteriore esperimento ideale, nel quale un maggior numero di doppie fenditure sono disposte una dietro all'altra, allora, se si piazza opportunamente lo schermo di proiezione, secondo la suddetta ipotesi della "divisibilità dell'elettrone" dovremmo poter rilevare anche quarti, ottavi o sedicesimi di elettrone. Una cosa del genere, però, fino ad ora non è stata osservata ancora da nessun fisico sperimentale. Gli elettroni sono semplicemente quanti indivisibili.

L'elettrone deve allora essere considerato davvero come un'onda?

Nella spiegazione teorica dell'esperimento della doppia fenditura con gli elettroni non ci resta altra scelta che guardare in faccia la realtà e accettare il fatto che l'elettrone debba essere descritto come un'onda. Nel capitolo 4 abbiamo già riflettuto come si debba calcolare la distribuzione di intensità nell'esperimento della doppia fenditura con la radiazione elettromagnetica. Sappiamo cioè che l'intensità risultante in un punto qualunque x è uguale al quadrato della somma delle ampiezze delle singole onde e precisamente

$$I_{1+2}(x) = \left(\bar{y}_1(x) + \bar{y}_2(x)\right)^2 . \tag{5.4}$$

Per descrivere matematicamente l'interferenza degli elettroni al passaggio nella doppia fenditura, dobbiamo procedere analogamente. L'unica differenza qualitativa è che non calcoliamo più l'intensità di qualche moto ondulatorio *reale* (come sarebbe, per esempio, nel caso delle onde sull'acqua), bensì la semplice probabilità di arrivo degli elettroni, che è un concetto puramente teorico e matematico.

Cosa si deve intendere, tuttavia, per *ampiezza* nel caso di un elettrone-onda? Ebbene, le ampiezze $\bar{y}_1(x)$ e $\bar{y}_2(x)$ delle onde reali nell'equazione (5.4), in meccanica quantistica vengono intese semplicemente come *ampiezze di probabilità*, una definizione che risale al fisico quantistico Max Born (1882–1970). Useremo per questo semplicemente il simbolo a (da "ampiezza"). Così facendo, in analogia all'equazione (5.4), per la *distribuzione di probabilità* degli elettroni sullo schermo otteniamo

$$P_{1+2}(x) = \big(a_1(x) + a_2(x)\big)^2. \qquad (5.5)$$

Grazie a questo modello ondulatorio degli elettroni, è perfino possibile calcolare le caratteristiche precise della figura di interferenza, cioè lo spessore e la posizione delle strisce sulla lastra.

È interessante che già nel 1923 il fisico francese Louis de Broglie avesse scoperto che le deviazioni osservate nei suoi esperimenti sulla diffusione degli elettroni nei reticoli cristallini si potessero spiegare ricorrendo a un modello ondulatorio degli elettroni. Sfruttando i suoi risultati sperimentali e la sua formula per la cosiddetta *lunghezza d'onda di de Broglie*:

$$\lambda = \frac{h}{p} = \frac{h}{mv}, \qquad (5.6)$$

formula secondo la quale la lunghezza d'onda associata a una particella è pari alla costante di Planck divisa per la sua quantità di moto, egli poté calcolare un primo valore per la lunghezza d'onda degli elettroni.

E non proprio per caso, il valore della lunghezza d'onda degli elettroni trovato grazie all'interpretazione ondulatoria dell'esperimento della doppia fenditura con gli elettroni, coincide con quello calcolato da de Broglie. Beninteso, queste ampiezze di probabilità e lunghezze d'onda associate agli elettroni, secondo l'interpretazione probabilistica della meccanica quantistica di Max Born, non vengono viste come proprietà *reali* degli elettroni, come invece accade nella descrizione delle onde classiche sull'acqua. Anch'esse fanno solo parte del modello formale che dobbiamo usare per poter prevedere teoricamente i risultati degli esperimenti.

Quali conclusioni bisogna trarre dai risultati dell'esperimento?

A causa di questi fatti, dobbiamo come minimo estendere anche al caso dell'elettrone il nostro concetto provvisorio di *dualismo onda-particella* adottato per la radiazione elettromagnetica. E questo in quanto sappiamo adesso che l'elettrone, esattamente come il fotone, in certi esperimenti (per esempio quelli di Joseph Thomson) deve essere descritto con il modello corpuscolare, mentre in altri (per esempio l'esperimento della doppia fenditura o in certi esperimenti sulla diffusione) deve essere descritto con il modello ondulatorio.

Il concetto del dualismo onda-particella è, per la verità, ancora più precario. Il problema è che, nell'esperimento della doppia fenditura e dunque all'interno di uno stesso esperimento, gli elettroni mostrano *sia* un carattere corpuscolare *che* un carattere ondulatorio; la capacità di interferenza, infatti, viene descritta col modello ondulatorio, mentre il fatto che vengano rilevati sempre singoli elettroni isolati si inquadra nel modello corpuscolare. Di questo problema, che fornì tra l'altro materiale per innumerevoli e feconde discussioni tra Bohr e Einstein, ci occuperemo a fondo nei capitoli 8 e 9.

L'effetto Compton

Che cosa si intende per effetto Compton?

Dopo che Einstein, nel 1905, aveva riportato alla ribalta il *modello corpuscolare della luce*, l'idea che la radiazione elettromagnetica fosse composta da fotoni trovò una nuova conferma sperimentale con la scoperta dell'*effetto Compton*.

Nel 1923, l'americano Arthur Compton (1892–1962) condusse esperimenti sulla diffusione dei raggi X nella grafite (vedere fig. 6.1). Egli diresse un fascio coerente di raggi X su un blocco di grafite e studiò la lunghezza d'onda della radiazione diffusa. Nelle sue osservazioni, Compton constatò che, sorprendentemente, la lunghezza d'onda della radiazione diffusa dalla grafite cambiava in funzione dell'angolo di diffusione φ.

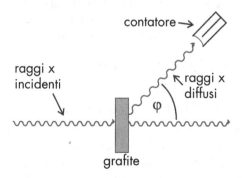

Fig. 6.1. Schema dell'esperimento di diffusione di Compton

La parte di radiazione che attraversava il blocco senza subire alcuna deviazione, non era soggetta ad alcun mutamento della lunghezza d'onda.

Al contrario, la parte di radiazione che veniva dispersa secondo un considerevole angolo, subiva invece un apprezzabile cambiamento della lunghezza d'onda: il valore misurato in uscita λ' era infatti *notevolmente più grande* del valore λ in ingresso. Nacque così il problema di spiegare come avvenisse questa diminuzione della frequenza dei raggi X. Compton riconobbe che, se si adottava un modello corpuscolare della radiazione elettromagnetica, il fenomeno si prestava a una semplice spiegazione in termini di *urti elastici* tra i fotoni dei raggi X e gli elettroni debolmente legati agli atomi del blocco di grafite. Secondo le leggi degli urti elastici, i fotoni trasmetterebbero una parte della loro energia agli elettroni e avrebbero così, dopo l'urto, un'energia minore di quella posseduta all'inizio. In questo modo, in accordo con l'ipotesi quantistica di Planck e la teoria dei fotoni di Einstein, la loro frequenza dovrebbe diminuire e la loro lunghezza d'onda aumentare.

Siccome l'energia di legame degli elettroni, di norma, è pari soltanto ad alcuni eV, l'energia di ionizzazione necessaria per strappare gli elettroni dagli atomi può essere trascurata nell'urto che avviene con i fotoni altamente energetici dei raggi X (in corrispondenza di una lunghezza d'onda $\lambda = 7,11 \cdot 10^{-11}$ m, i fotoni dei raggi X possiedono un'energia $E = 17,4 \cdot 10^3$ eV). Gli elettroni del blocco di grafite, approssimativamente, possono dunque essere considerati liberi. Ciò significa che, in pratica, tutta l'energia trasmessa dal fotone all'elettrone si trasforma nell'energia cinetica di quest'ultimo. Naturalmente, tutto avviene nel rispetto dei *principi di conservazione della quantità di moto e dell'energia*:

$$\vec{p}_{\text{fotone}} + \vec{p}_{\text{elettrone}} = \vec{p}\,'_{\text{fotone}} + \vec{p}\,'_{\text{elettrone}} \qquad (6.1)$$

e

$$E_{\text{fotone}} + E_{\text{elettrone}} = E'_{\text{fotone}} + E'_{\text{elettrone}} \,. \qquad (6.2)$$

La velocità degli elettroni debolmente legati agli atomi, prima dell'urto, è trascurabile al confronto dell'enorme velocità dei fotoni dei raggi X incidenti (che viaggiano alla velocità della luce). Per questo possiamo considerare nel seguito che gli elettroni, prima del processo di diffusione, siano praticamente fermi.

Come è possibile calcolare la variazione della lunghezza d'onda?

Sarebbe adesso interessante sapere come varia, in funzione dell'angolo di dispersione φ, la lunghezza d'onda dei raggi X in ingresso dopo la dispersione sugli elettroni quasi liberi della grafite. Per prima cosa, cerchiamo di calcolare la quantità di moto di uno di questi fotoni. Se confrontiamo la formula dell'*ipotesi quantistica* di Planck del capitolo 2

$$E = h\nu \tag{6.3}$$

che stabilisce quanto vale l'energia di un fotone in funzione della sua frequenza, con la relazione dell'*equivalenza energia-massa* di Einstein dalla sua teoria della relatività ristretta,

$$E = mc^2 \tag{6.4}$$

e uguagliamo i secondi membri, risolvendo rispetto a m, otteniamo la massa dinamica dei fotoni:

$$m_{\text{fotone}} = \frac{h\nu}{c^2}. \tag{6.5}$$

Per ottenere la quantità di moto ($p = mv$) di un fotone, moltiplichiamo ora questa massa per la velocità di propagazione del fotone c:

$$p_{\text{fotone}} = m_{\text{fotone}} \cdot c = \frac{h\nu}{c}. \tag{6.6}$$

Da questa relazione, sapendo che $c = \nu\lambda$, si ricava:

$$p_{\text{fotone}} = \frac{h\nu}{c} = \frac{h}{\lambda}. \tag{6.7}$$

Se osserviamo attentamente la figura 6.2, vediamo che, dopo l'urto, la somma vettoriale delle quantità di moto del fotone e dell'elettrone è esattamente uguale alla quantità di moto del fotone prima dell'urto. Questa è una chiara conseguenza del principio di conservazione della quantità di moto. Per calcolare la quantità di moto dell'elettrone dopo l'urto, applichiamo il teorema del coseno ($a^2 = b^2 + c^2 - 2bc \cdot \cos\alpha$) al triangolo superiore nel parallelogramma formato dai vettori delle quantità di moto in figura 6.2.

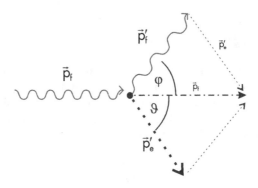

Fig. 6.2. Conservazione della quantità di moto nell'urto tra un fotone del fascio di raggi X e un elettrone libero

In questo modo, per la quantità di moto dell'elettrone risultante dopo l'urto otteniamo il valore:

$$p'^2_{\text{elettrone}} = p^2_{\text{fotone}} + p'^2_{\text{fotone}} - 2\,p_{\text{fotone}}\,p'_{\text{fotone}} \cdot \cos\varphi. \qquad (6.8)$$

Sostituendo alle quantità di moto coinvolte in questa espressione il valore dato dall'equazione (6.7) e indicando con λ' la lunghezza d'onda del fotone diffuso, si ricava

$$p'^2_{\text{elettrone}} = \frac{h^2}{\lambda^2} + \frac{h^2}{\lambda'^2} - 2\frac{h}{\lambda}\frac{h}{\lambda'} \cdot \cos\varphi. \qquad (6.9)$$

Consideriamo adesso l'equazione (6.2) che esprime la conservazione dell'energia. Risolvendo la (6.2) rispetto a E'_e otteniamo

$$E'_e = E_f + E_e - E'_f. \qquad (6.10)$$

L'energia del fotone si calcola, secondo l'ipotesi quantistica di Planck, con l'ormai nota formula (6.3). Indicheremo con ν' la frequenza del fotone dopo l'urto. L'energia dell'elettrone *in quiete* è data dalla formula (6.4) dell'equivalenza massa-energia. Ciò che non conosciamo è l'energia $E_{e'}$ dell'elettrone dopo l'urto, che calcoliamo dunque così:

$$E'_e = h\nu + m_e c^2 - h\nu'. \qquad (6.11)$$

La teoria della relatività ristretta fornisce, tra l'altro, una relazione tra la quantità di moto e l'energia di una qualunque particella:

$$E = \sqrt{p^2 c^2 + m^2 c^4}. \qquad (6.12)$$

Applicata all'elettrone, la relazione (6.12) produce, se risolta rispetto a $m^2 c^4$:

$$E_e^{\prime 2} - p_e^{\prime 2} c^2 = m_e^2 c^4 . \qquad (6.13)$$

Sostituendo nella relazione (6.13) i valori di $E_e^\prime$ e di $p_e^\prime$ dati, rispettivamente, dalle equazioni (6.10) e (6.8), allora segue che

$$(E_f + E_e - E_f^\prime)^2 - (p_{\text{fotone}}^2 + p_{\text{fotone}}^{\prime 2} - 2 p_{\text{fotone}} \, p_{\text{fotone}}^\prime \cdot \cos \varphi) c^2 = m_e^2 c^4 , \qquad (6.14)$$

e, attraverso le (6.11) e (6.9), si ha dunque

$$(h\nu + m_e c^2 - h\nu^\prime)^2 - \left(\frac{h^2}{\lambda^2} + \frac{h^2}{\lambda^{\prime 2}} - 2 \frac{h}{\lambda} \frac{h}{\lambda^\prime} \cdot \cos \varphi \right) c^2 = m_e^2 c^4 . \qquad (6.15)$$

Dopo aver svolto i calcoli al primo membro della (6.15), si ottiene

$$m_e^2 c^4 = h^2 \nu^2 + 2 h\nu m_e c^2 - 2 h^2 \nu \nu^\prime + m_e^2 c^4 - 2 m_e c^2 h\nu^\prime$$

$$+ h^2 \nu^{\prime 2} - \left(\frac{h^2 c^2}{\lambda^2} + \frac{h^2 c^2}{\lambda^{\prime 2}} - 2 \frac{h^2 c^2}{\lambda \lambda^\prime} \cdot \cos \varphi \right) \qquad (6.16)$$

e, dopo aver sottratto $m_e^2 c^4$ a entrambi i membri e aver eliminato la parentesi, si ha

$$0 = h^2 \nu^2 + 2 h\nu m_e c^2 - 2 h^2 \nu \nu^\prime - 2 m_e c^2 h\nu^\prime$$

$$+ h^2 \nu^{\prime 2} - \frac{h^2 c^2}{\lambda^2} - \frac{h^2 c^2}{\lambda^{\prime 2}} + 2 \frac{h^2 c^2}{\lambda \lambda^\prime} \cdot \cos \varphi . \qquad (6.17)$$

Dalla formula della velocità di propagazione delle onde

$$c = \lambda \nu \quad \Leftrightarrow \quad \nu = \frac{c}{\lambda} \qquad (6.18)$$

N.B.: Riportiamo qui i passaggi del calcolo del termine quadratico che compare nella (6.15):

$$(h\nu + m_e c^2 - h\nu^\prime)^2$$

$$= h^2 \nu^2 + h\nu m_e c^2 - h^2 \nu \nu^\prime + h\nu m_e c^2 + m_e^2 c^4 - m_e c^2 h\nu^\prime$$

$$- h^2 \nu \nu^\prime - m_e c^2 h\nu^\prime + h^2 \nu^{\prime 2}$$

$$= h^2 \nu^2 + 2 h\nu m_e c^2 - 2 h^2 \nu \nu^\prime + m_e^2 c^4 - 2 m_e c^2 h\nu^\prime + h^2 \nu^{\prime 2}$$

si ottengono

$$\frac{h^2 c^2}{\lambda^2} = h^2 \nu^2 \qquad (6.19)$$

e

$$\frac{h^2 c^2}{\lambda \lambda'} = h^2 \nu \nu' . \qquad (6.20)$$

Sostituendo la (6.19) e la (6.20) nella (6.17), otteniamo

$$0 = h^2 \nu^2 + 2h\nu m_e c^2 - 2h^2 \nu \nu' - 2m_e c^2 h\nu' + h^2 \nu'^2$$
$$- h^2 \nu^2 - h^2 \nu'^2 + 2h^2 \nu \nu' \cdot \cos\varphi \qquad (6.21)$$

e, finalmente,

$$0 = 2h\nu m_e c^2 - 2h^2 \nu \nu' - 2m_e c^2 h\nu' + 2h^2 \nu \nu' \cdot \cos\varphi . \qquad (6.22)$$

Dividendo l'equazione (6.22) per 2h, abbiamo

$$0 = \nu m_e c^2 - h\nu \nu' - m_e c^2 \nu' + h\nu \nu' \cdot \cos\varphi , \qquad (6.23)$$

raccogliendo $m_e c^2$ e $-h\nu \nu'$ otteniamo

$$0 = m_e c^2 (\nu - \nu') - h\nu \nu'(1 - \cos\varphi) \qquad (6.24)$$

e, portando dall'altra parte del segno di uguaglianza, si ha

$$m_e c^2 (\nu - \nu') = h\nu \nu'(1 - \cos\varphi) . \qquad (6.25)$$

Dividendo la (6.25) per $m_e c^2$ e $\nu \nu'$ si ricava

$$\frac{(\nu - \nu')}{\nu \nu'} = \frac{h(1 - \cos\varphi)}{m_e c^2} . \qquad (6.26)$$

Se scriviamo il primo membro come somma di due frazioni, otteniamo allora

$$\frac{\nu}{\nu \nu'} - \frac{\nu'}{\nu \nu'} = \frac{h}{m_e c^2}(1 - \cos\varphi) \qquad (6.27)$$

e, se semplifichiamo nella (6.27), segue che

$$\frac{1}{\nu'} - \frac{1}{\nu} = \frac{h}{m_e c^2}(1 - \cos\varphi) . \qquad (6.28)$$

La successiva moltiplicazione della (6.28) con c porta ad avere

$$\frac{c}{\nu'} - \frac{c}{\nu} = \frac{h}{m_e c}(1 - \cos\varphi) . \qquad (6.29)$$

Siccome sappiamo che $\frac{c}{\nu} = \lambda$, (vedere la formula (6.18)), possiamo riscrivere la (6.29) anche nel seguente modo:

$$\lambda' - \lambda = \frac{h}{m_e c}(1 - \cos\varphi). \qquad (6.30)$$

Questa differenza dei valori della lunghezza d'onda $\Delta\lambda = \lambda' - \lambda$ nell'equazione (6.30) non è nient'altro che la variazione di lunghezza d'onda cui sono soggetti i fotoni dei raggi X per effetto della dispersione sugli elettroni della grafite. Questa grandezza viene chiamata *spostamento Compton*. Come si può riconoscere facilmente, la variazione della lunghezza d'onda della radiazione elettromagnetica dipende solamente dall'angolo di dispersione φ, essendo tutte le altre quantità che compaiono nell'equazione delle costanti.

Dall'equazione (6.30) si può anche riconoscere che in corrispondenza di un piccolo angolo di dispersione φ, per il quale $1 - \cos\varphi \approx 0$, la variazione di lunghezza d'onda dei fotoni dei raggi X può solo essere molto piccola, mentre per valori di φ più grandi, tali che $1 - \cos\varphi \gg 0$, anche la variazione di lunghezza d'onda diventa grande. Il valore massimo per $\Delta\lambda$ si ottiene in corrispondenza di un angolo $\varphi = 180°$:

$$\lambda' - \lambda = 2\frac{h}{m_e c}. \qquad (6.31)$$

Tutte queste previsioni teoriche collimano perfettamente con le osservazioni sperimentali di Compton.

La particolare variazione di lunghezza d'onda che si ottiene per la diffusione della radiazione elettromagnetica sugli elettroni in corrispondenza di un angolo $\varphi = 90°$ viene chiamata *lunghezza d'onda di Compton* λ_C:

$$\lambda_C = \frac{h}{m_e c} = \frac{6{,}626 \cdot 10^{-34}\ \text{Js}}{9{,}11 \cdot 10^{-31}\ \text{kg} \cdot 3{,}0 \cdot 10^8\ \text{m/s}} = 2{,}424 \cdot 10^{-12}\ \text{m}.$$
$$(6.32)$$

Perché l'effetto Compton non si manifesta con la luce visibile?

A questo punto ci si potrebbe chiedere perché mai questa variazione di frequenza della radiazione elettromagnetica, che inter-

Viene nella dispersione su elettroni (quasi) liberi, non possa essere osservato anche nella regione di spettro della luce visibile. In fin dei conti ci si potrebbe immaginare che un fascio di luce verde, indirizzato su determinati oggetti, dopo la diffusione, possa mostrare, per esempio, una colorazione rossa, in corrispondenza del fatto che la sua lunghezza d'onda è aumentata. Tuttavia, questo effetto non può essere osservato con la luce visibile. Bisogna ammettere che, almeno in un primo momento, tutto ciò è un po' sorprendente.

Ebbene, non si registra un effetto apprezzabile con la luce visibile poiché, in questo caso, il rapporto tra le masse dell'elettrone e del fotone è assolutamente sfavorevole. Sappiamo infatti che, considerando un urto elastico ideale, il trasferimento della quantità di moto alla particella urtata è tanto maggiore quanto più il rapporto tra le masse si avvicina al rapporto di 1:1.

Bisogna allora considerare che l'energia di un fotone di luce visibile vale all'incirca 2,5 eV (per $\lambda = 5 \cdot 10^{-7}$ m); quella di un elettrone, invece, posseduta in virtù dell'equivalenza massa-energia (eq. (6.4)), ammonta a circa $511 \cdot 10^3$ eV, e cioè è più grande di ben cinque potenze del dieci. Si ottiene così un rapporto di massa fotone/elettrone di

$$\frac{m_{\text{fotone}}}{m_{\text{elettrone}}} = \frac{1}{200\,000}. \qquad (6.33)$$

Per fare un confronto macroscopico, potremmo immaginare, a questo proposito, una piccola sfera di acciaio che viene lanciata contro una pesante parete dello stesso metallo: essa verrebbe rispedita indietro, nella direzione opposta, con quantità di moto praticamente invariata, mentre l'aumento di quantità di moto del muro (pari a $-2\vec{p}_{\text{sfera}}$), essendo quest'ultimo molto più pesante, sarebbe insignificante e del tutto trascurabile. L'energia della piccola sfera, in queste condizioni, praticamente non cambierebbe di una virgola.

Questo significa che per poter osservare un apprezzabile trasferimento di energia, e dunque una variazione sensibile della lunghezza d'onda del fotone disperso, il rapporto di massa fotone/elettrone non deve allontanarsi di troppi ordini di grandezza da 1. E poiché i fotoni dei raggi X usati da Compton hanno un'energia simile a quella degli elettroni in quiete, in questo caso può avvenire un trasferimento apprezzabile di energia dal fotone all'elettrone, cosa che invece non si osserva nell'esperimento con la luce visibile.

L'effetto Compton può essere spiegato solo con il modello corpuscolare?

Abbiamo appena finito di vedere che l'effetto Compton può essere spiegato brillantemente con un *modello corpuscolare* della luce, rendendo possibile anche un calcolo del valore della variazione di lunghezza d'onda. Considerare però questa spiegazione attraverso il modello corpuscolare come l'*unica* possibile, costituisce un errore molto diffuso, che si propaga in molti testi scolastici, dalla letteratura divulgativa fino ad alcuni testi universitari.

Compton stesso riconobbe che, accanto alla spiegazione attraverso il modello corpuscolare della luce, lo spostamento della lunghezza d'onda poteva essere spiegato altrettanto bene con un *modello* puramente *ondulatorio*. Sotto questa prospettiva, la variazione di lunghezza d'onda osservata avviene per *effetto Doppler*: un fenomeno caratteristico delle onde, per il quale, a causa del moto relativo del mittente rispetto al destinatario, la stessa identica onda, a seconda del sistema di riferimento che si sceglie per misurarla, sembra avere frequenze diverse. Secondo questa teoria la variazione di lunghezza d'onda $\Delta\lambda$ che interviene nell'effetto Compton, si spiega come segue.

L'elettrone in quiete viene colpito da un'onda elettromagnetica di lunghezza d'onda λ che lo accelera portandolo alla velocità v. Questo significa che il sistema di riferimento solidale con l'elettrone non coincide più con il sistema iniziale: l'elettrone ha cambiato sistema di riferimento. Quando, in questo nuovo sistema, l'elettrone emette nuovamente l'onda che lo ha raggiunto con la stessa identica lunghezza d'onda λ, quest'onda, vista nel sistema di riferimento originario, ha una lunghezza d'onda λ' più grande di λ, come prevede l'effetto Doppler. La lunghezza d'onda dell'onda dispersa è così più grande di quella dell'onda di partenza di un certo valore $\Delta\lambda$.

Attraverso questa descrizione dell'effetto Compton, è ancora possibile fare previsioni quantitative sul valore dello spostamento della lunghezza d'onda e le conclusioni coincidono con quelle del modello corpuscolare. Dunque, una simile descrizione ondulatoria è del tutto equivalente a quella corpuscolare illustrata in dettaglio nei paragrafi precedenti. Sia allora detto chiaramente ancora una volta che, diversamente da quanto lasciano intendere molti libri di fisica, non è soltanto con un modello corpuscolare della luce che si può capire e calcolare l'effetto Compton, ma anche, in modo eccellente e del tutto equivalente, per mezzo del modello ondulatorio.

Il principio di indeterminazione di Heisenberg

Che cosa dice il principio di indeterminazione di Heisenberg?

Il *principio di indeterminazione di Heisenberg* costituisce uno degli elementi centrali e fondamentali della meccanica quantistica. Esso rappresenta per i fisici quantistici quello che le conoscenze basilari di anatomia rappresentano per i medici. Per questo vogliamo dedicare interamente il presente capitolo a questo importantissimo principio.

Ci si immagini, a questo proposito, un qualunque oggetto quantistico, come per esempio il nostro ormai affezionato elettrone. Se si conoscessero i valori esatti della posizione x di questa particella e della sua quantità di moto p (cioè il prodotto della sua massa m per la sua velocità v), secondo le leggi classiche della meccanica newtoniana, sarebbe possibile conoscere la posizione esatta della particella in qualunque altro istante di tempo, futuro o passato.

Su questo fatto si basa una delle riflessioni fondamentali del matematico e fisico francese Pierre Simon de Laplace (1749–1827), la cui idea, nota col nome di *demone di Laplace*, consiste in questo: una ipotetica intelligenza sovrumana – ecco il demone – che fosse in grado, anche solo per un istante di tempo, di conoscere la posizione e la quantità di moto di ogni singola particella dell'universo, potrebbe calcolare, grazie alle leggi di Newton, tutti gli accadimenti passati, presenti e futuri del cosmo. Secondo questa visione *deterministica* del mondo, l'universo, a partire dal momento stesso della sua nascita, sarebbe così completamente predeterminato. Una conclusione di per sé logica ed evidente, si potrebbe pensare.

È così ancora più divertente pensare che il geniale fisico Werner Heisenberg (1901–1976), all'età di soli 26 anni (!), mise il bastone tra le ruote a questo determinismo classico formulando il suo rivoluzionario *principio di indeterminazione*, che stabilisce una relazione vincolante tra il grado di precisione Δx, col quale si può conoscere la posizione di un oggetto quantistico, e l'incertezza Δp che affligge la conoscenza della sua quantità di moto. Questa rivoluzionaria – quasi eretica – disuguaglianza suona semplicemente così:

$$\Delta x \cdot \Delta p \geq \frac{\hbar}{2}. \qquad (7.1)$$

Di nuovo, il simbolo $\hbar$ non rappresenta qui altro che l'abbreviazione già introdotta nel capitolo 2 per il fattore $h/(2\pi)$ che spesso entra nelle formule della meccanica quantistica e che vale

$$\hbar = \frac{h}{2\pi} \approx 1,055 \cdot 10^{-34} \, \text{Js}. \qquad (7.2)$$

Per il momento, comunque, non vogliamo tanto occuparci di questo specifico fattore, quanto, piuttosto, concentrarci sul significato principale di questa disuguaglianza. Al secondo membro della (7.1) abbiamo una costante: un valore fissato che non cambia mai e che *non può annullarsi*. Il prodotto al primo membro può solo essere maggiore o, tutt'al più, uguale a questa costante. Qui Δx rappresenta l'imprecisione (= indeterminazione) sulla posizione di una qualsiasi particella e Δp l'imprecisione sulla sua quantità di moto, intendendo con questo che la particella si trova da qualche parte all'interno dell'intervallo Δx e possiede una quantità di moto il cui valore è compreso entro l'intervallo Δp.

Per calcolare la traiettoria esatta di una particella, nel senso deterministico del demone di Laplace, dovremmo naturalmente cercare il più possibile di rendere piccoli i valori di Δx e Δp, se non addirittura di portarli a zero. Ma questo è vietato dalla relazione di indeterminazione di Heisenberg (7.1) perché diminuire il valore di Δx porta automaticamente a un aumento del valore di Δp, in quanto il prodotto di entrambi, inevitabilmente, deve almeno valere quanto la costante $\hbar/2$. Tentare di ridurre Δp porta allo stesso problema a causa della crescita del valore di Δx. Tra i valori di Δx e Δp sussiste dunque una *relazione di complementarità*. Il principio di indeterminazione di Heisenberg limita quindi a priori la nostra conoscenza delle traiettorie esatte degli oggetti quantistici. A questo proposito è particolarmente importante sottolineare che, secondo Heisenberg e altri fisici, questa limitazione *non* è dovuta a motivi tecnici e cioè non dipende da imprecisioni delle misure, ma rappresenta definitivamente *una proprietà della materia nel microcosmo*. Un oggetto quantistico o non ha una posizione precisa, o non possiede una precisa quantità di moto.

Se possedete una natura piuttosto critica (cosa lodevolissima), sono sicura che non potrete accettare tanto facilmente questa affermazione. Purtroppo però, mi vedo adesso costretta a comunicarvela e basta, e per il momento non vi resta che mandarla giù. Vi prometto però che, più avanti, nel capitolo 15, tratteremo a fondo i motivi per cui i fisici quantistici moderni sono così sicuri che l'indeterminazione di Heisenberg non riflette un errore dovuto a imprecisioni delle misure sperimentali, ma descrive piuttosto una proprietà della materia in sé. Potremo così renderci conto di quanto ponderata, autorevole e sperimentalmente verificata sia questa affermazione.

Come ci si può immaginare concretamente la relazione di indeterminazione?

Nel capitolo 5 abbiamo potuto spiegare la figura di interferenza che si ottiene nell'esperimento della doppia fenditura con gli elettroni e il fenomeno della deviazione ai bordi delle fenditure, invocando il carattere ondulatorio degli elettroni, descritto attraverso la lunghezza d'onda di de Broglie. Tuttavia, per quanto riguarda le deviazioni ai bordi, il modello ondulatorio non è assolutamente indispensabile. È cioè possibile mostrare che la relazione di indeterminazione di Heisenberg è perfettamente in grado di spiegare gli effetti di *deviazione ai bordi* di una fessura e questo senza usare minimamente il modello ondulatorio!

Immaginiamoci un elettrone che vaga liberamente nello spazio. Assieme a una (più o meno) determinata quantità di moto, esso possederà un vettore velocità che senz'altro è costante. Se però restringiamo la sua traiettoria, per esempio facendolo passare per una fenditura stretta, la sua posizione diventa precisa in quanto esso può solo trovarsi in un punto tra le due pareti della fenditura. In questo modo, però, aumenta l'incertezza sulla sua quantità di moto e l'elettrone può andarsene al di là della fessura in una direzione non prevedibile a priori. Quanto più stretta è la fenditura, cioè quanto più piccolo è Δx, tanto più imprecisa è la velocità (in direzione e modulo) con cui l'elettrone se ne va e cioè tanto più imprecisa è Δp. Vediamo così che, per la spiegazione degli effetti di deviazione ai bordi della fenditura, il modello corpuscolare non è affatto da buttare via, ma va soltanto ampliato inglobandovi la relazione di indeterminazione.

Anche la figura di interferenza si può spiegare con la relazione di indeterminazione?

Avendo appena visto come i fenomeni di deviazione degli elettroni sulla fenditura possono essere spiegati con il modello corpuscolare grazie alla relazione di indeterminazione, ci si può domandare se la stessa cosa non sia possibile anche per le strisce di interferenza dell'esperimento della doppia fenditura con gli elettroni. Per farlo, dovremmo per prima cosa capire quale tragitto percorrono gli elettroni dalla sorgente allo schermo, il che vuol dire, in pratica, sapere quale delle due fenditure attraversano.

Ma come si stabilisce la traiettoria di un elettrone? Semplicissimo: basta guardare. Per dirla più professionalmente, si invia radiazione elettromagnetica sui possibili luoghi di passaggio (dunque su entrambe le fenditure, nel nostro caso) e si piazzano dei sensori che registrano sotto quale angolo la radiazione viene eventualmente deviata o riflessa dagli elettroni.

Quello che adesso succede, tuttavia, è che, per avere un risultato apprezzabile, dobbiamo usare radiazione di lunghezza d'onda veramente piccola, perché la risoluzione delle "immagini" che si ottengono sparando radiazione sugli elettroni che attraversano le fenditure è tanto migliore quanto più la lunghezza d'onda della radiazione che si impiega è piccola, vale a dire quanto più grande è la sua frequenza. Poiché le due fessure nel nostro esperimento sono molto vicine tra loro, siamo costretti a usare le cortissime onde dei raggi X, se vogliamo ottenere dati significativi.

1° Esperimento

Ripetiamo allora l'*esperimento della doppia fenditura con gli elettroni* del capitolo 5 abbassando l'intensità della sorgente di elettroni e compiliamo una lista dove scriviamo quale delle due fenditure ogni singolo elettrone ha attraversato. Si parla in proposito di informazione del tipo *quale via*, informazione che vogliamo ottenere per ogni elettrone. Siccome non abbiamo cambiato nient'altro nell'esperimento rispetto a come l'abbiamo descritto in precedenza in questo libro, ci aspettiamo naturalmente di vedere di nuovo sullo schermo di proiezione una figura di interferenza, come finora è sempre stato negli esperimenti con la doppia fenditura con gli elettroni.

Facendo l'esperimento, tuttavia, scopriamo purtroppo che *le cose non stanno così!* Se con i raggi X tentiamo di guadagnare informazione su quale delle due fenditure l'elettrone ha attraversato, ecco che la figura di interferenza scompare e al suo posto ritroviamo la distribuzione di probabilità data dalla semplice somma delle distribuzioni corrispondenti a ciascuna fenditura presa singolarmente, esattamente come succede per gli oggetti macroscopici.

Be', se questo non è disorientante! Qui le domande si affollano: come può sparire di colpo la figura di interferenza se non abbiamo fatto altro che illuminare un po' la scena? E aver dato soltanto una sbirciatina non può certo mandare tutto all'aria così, no?

Per spiegare questa sorprendente osservazione, dobbiamo ricordarci dell'effetto Compton incontrato nel capitolo 6. Lì avevamo imparato che i fotoni, a causa della loro massa dinamica, nell'interazione con altri oggetti quantistici aventi massa estremamente ridotta, hanno una quantità di moto non trascurabile. E qui dovrebbe essere chiaro che i fotoni altamente energetici dei raggi X che abbiamo impiegato per determinare la posizione degli elettroni, interagiscono con questi ultimi dando luogo agli "urti elastici" descritti da Compton, i quali hanno come conseguenza una drastica variazione della quantità di moto degli elettroni.

Particolarmente sfavorevole ai nostri scopi, dunque, nella costruzione del nostro esperimento, è stato l'aver utilizzato radiazione elettromagnetica di frequenza tanto elevata per rivelare la posizione degli elettroni, in quanto maggiore è la frequenza dei fotoni e maggiore è la loro quantità di moto, come si può facilmente vedere dalla formula

$$p_{fotone} = \frac{h\nu}{c} \,. \qquad (7.3)$$

Ciò comporta che il trasferimento di quantità di moto Δp dal fotone all'elettrone diviene più grande e con esso la perturbazione che quest'ultimo subisce. Armati di queste conoscenze, dovremmo dunque tentare di minimizzare la perturbazione dovuta ai fotoni riducendo al massimo la loro quantità di moto e cioè scegliendo la più bassa frequenza possibile per la radiazione elettromagnetica.

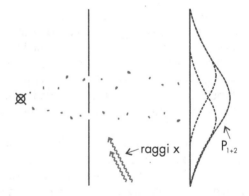

Fig. 7.1. Inviando raggi X sulle fenditure scompare la figura di interferenza

2° Esperimento

Conduciamo dunque l'esperimento con radiazione elettromagnetica di frequenza più bassa e stiamo a vedere che risultati otteniamo questa volta.

Quello che dobbiamo purtroppo constatare è che, nonostante la figura di interferenza stavolta fortunatamente non scompaia, l'attribuzione di quale delle due fessure l'elettrone ha attraversato non è più garantita, se non, tutt'al più, in misura insufficiente. In questa variante dell'esperimento, non si riesce più a determinare la traiettoria degli elettroni. E tuttavia possiamo di nuovo registrare sullo schermo una figura di interferenza. Non c'è qui davvero da impazzire?

Per riassumere di nuovo il tutto, la conduzione dell'esperimento ci mostra che, nel caso della doppia fenditura con elettroni, se si utilizza radiazione elettromagnetica di bassa frequenza per determinare la posizione degli elettroni, la figura di interferenza si conserva. Tuttavia, non è più possibile sapere con certezza quale delle due fenditure ciascun elettrone ha attraversato.

Una spiegazione di questo fatto è che, scegliendo radiazione elettromagnetica di bassa frequenza, il trasferimento di quantità di moto agli elettroni viene ridotto al punto che essi continuano a costruire la normale figura di interferenza che si origina in assenza di perturbazioni, ma, a causa della maggiore lunghezza d'onda, la risoluzione delle immagini degli elettroni che passano per la prima o per la seconda fenditura diviene talmente bassa che risulta impossibile ricavare l'informazione relativa a quale via gli elettroni hanno preso e dunque determinare la loro traiettoria.

In termini del principio di indeterminazione, ciò significa che, grazie al valore piccolo di Δp, sappiamo dove arriveranno gli elettroni sullo schermo di proiezione e precisamente sulle strisce scure, la cui posizione è calcolabile in anticipo, ma allo stesso tempo non sappiamo più quale delle due fenditure essi hanno attraversato e dunque Δx è, al contrario, molto grande. La complementarità tra l'incertezza sulla posizione e l'incertezza sulla quantità di moto torna qui chiaramente in primo piano. Il nostro esperimento fornisce dunque un'altra conferma sperimentale della relazione di indeterminazione di Heisenberg.

Che cosa è possibile concludere dall'esito degli esperimenti?

È molto importante sottolineare che, come potemmo riconoscere chiaramente a suo tempo, la comparsa di una figura di interferenza non può essere spiegata con l'ausilio del solo modello corpuscolare. In ogni caso abbiamo bisogno del modello ondulatorio per descrivere l'interferenza a cui danno luogo gli elettroni. È interessante notare, tuttavia, che gli elettroni-onda, come entità a sé, non sono documentabili direttamente. Nel 2° esperimento abbiamo potuto concludere soltanto indirettamente il carattere ondu-

7 Il principio di indeterminazione di Heisenberg

latorio degli elettroni e solo perché la figura di interferenza non si riesce a spiegare in altro modo. Se però, come abbiamo fatto nel 1° esperimento con radiazione elettromagnetica ad alta frequenza, proviamo a determinare la fenditura scelta dall'elettrone, allora non misuriamo più delle onde, ma soltanto delle particelle che continuano, anche dopo il processo di misurazione, a comportarsi come oggetti corpuscolari, come si può riconoscere chiaramente dalla distribuzione di probabilità registrata sullo schermo di proiezione e mostrata in figura 7.1.

Per dirla in altri termini, sembra quasi che gli elettroni si vergognino del loro carattere ondulatorio: se infatti non li si guarda, si comportano come onde, ma appena li si vuole osservare direttamente si mostrano solo come particelle. Così formulato, il concetto è espresso naturalmente in modo un po' esagerato, ma, al di là dell'ironia, rispecchia fedelmente l'esito degli esperimenti.

In una formulazione un po' più seria, dobbiamo comunque constatare che se la strada scelta da ogni elettrone rimane ignota, allora otteniamo una figura di interferenza; se invece riusciamo ad avere informazione su quale via l'elettrone ha preso, allora la figura di interferenza viene distrutta. Tra l'informazione su quale via l'elettrone ha preso e la comparsa della figura di interferenza esiste una fondamentale *complementarità*.

Per amor di completezza, non bisogna nascondere qui il fatto che il carattere fondamentale del principio di indeterminazione di Heisenberg, in tempi più recenti, è stato messo fortemente in discussione. Poco dopo l'inizio del XXI secolo, ha cominciato ad apparire molto dubbioso il ricorso a questo principio per motivare la scomparsa della figura di interferenza che sempre interviene con il guadagno dell'informazione su quale via l'elettrone ha preso nell'esperimento della doppia fenditura.

Esperimenti convincenti, condotti soprattutto dal gruppo di Gerhard Rempe, hanno mostrato in fondo come la perdita della capacità di interferenza al passaggio nella doppia fenditura sia collegata molto più a una *correlazione* quantistica tra i sensori che devono scoprire quale via l'elettrone ha preso e gli oggetti quantistici stessi[1]. Da tutto ciò si può effettivamente concludere che il

---

[1] Per saperne di più, si veda S. Dürr, T. Nonn, G. Rempe: Origin of quantum-mechanical complementarity probed by a 'which-way' experiment in an atom interferometer. Nature **395** (1998), così come anche S. Dürr, G. Rempe: Can wave-particle duality be based on the uncertainity relation? Am. J. Phys. **68**, 11 (2000).

dualismo quantistico onda-particella deve possedere una natura più profonda e fondamentale della relazione di indeterminazione di Heisenberg, fino a pochissimo tempo fa ancora convenzionalmente usata per le spiegazioni. Questa è una scoperta recente straordinariamente significativa!

È possibile condurre l'esperimento della doppia fenditura anche con altre particelle?

Come ci si poteva aspettare, l'esperimento della doppia fenditura è stato condotto anche con altre particelle elementari, oltre che con gli elettroni, anche se l'apparato sperimentale, con particelle di massa maggiore, si complica sempre più. Tuttavia, pur con un grosso sforzo sperimentale, anche per molte altre particelle, quali per esempio i neutroni, è stato possibile rilevare una figura di interferenza. Questo significa per noi che anche queste particelle sono soggette al *dualismo onda-particella* e anche a esse può venire associata una lunghezza d'onda di de Broglie.

Dai più recenti esperimenti si sa che perfino grandi molecole come il *fullerene* (detto anche, familiarmente, "pallone da calcio", per il modo in cui sono disposti i suoi atomi, come si vede in fig. 7.2), formate da 60, 70 e anche più atomi di carbonio, possono originare figure di interferenza. Ciò è naturalmente molto interessante, perché in questo modo il confine tra microcosmo e macrocosmo si sposta sempre più in direzione del nostro ordine di grandezza: si "delocalizza", nel vero senso della parola.

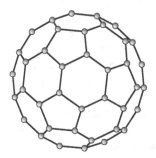

Fig. 7.2. Modello di una molecola di fullerene, costituita da 60 atomi di carbonio

Naturalmente si pone qui la domanda su quale sia il punto in cui, nella scala delle grandezze, le particelle perdono di colpo la capacità di interferenza e quindi, in ultima analisi, dove si trovi il confine tra microcosmo e macrocosmo. Tuttavia, non vogliamo occuparci oltre di questo tema. Nella discussione sul gatto di Schrödinger, che faremo nel capitolo 12, torneremo su questi problemi e vedremo come essi rappresentino, ancora oggi, interrogativi centrali nella fisica quantistica.

Che cos'è allora l'elettrone adesso: un'onda o una particella?

Di fronte a tutta la confusione causata dai risultati dei precedenti esperimenti, che sempre si contraddicevano a vicenda, bisogna pure porsi, dal punto di vista classico, la domanda decisiva su che cosa diavolo sia alla fine l'elettrone *veramente*: un'onda o una particella? O è tutt'e due insieme? Ma così non si può, vero?

Vorrei rispondere a questa domanda, così difficile e intricata, con una citazione del geniale e popolarissimo fisico americano Richard Feynman (1918–1988), che aveva sempre pronta sulle labbra la parola giusta per descrivere i tratti – anche i più sconvolgenti – della meccanica quantistica. Riguardo l'assurdo e schizofrenico comportamento dell'elettrone, nel suo inconfondibile stile, egli si è espresso, con precisione e spirito, così:

Non è nessuno dei due.[2]

Non lo si potrebbe dire meglio. Perché, come bisogna sempre sottolineare, i modelli corpuscolare e ondulatorio che usiamo nel microcosmo per descrivere il comportamento degli oggetti quantistici, sono soltanto modelli *classici* tratti dal macrocosmo, ipotesi di lavoro e modalità di descrizione che abbiamo preso dalla *fisica classica* perché non sapevamo più che pesci pigliare, ma che, presi singolarmente, non saranno mai in grado di descrivere accuratamente gli oggetti quantistici.

La radiazione elettromagnetica, gli elettroni, i protoni, le più di 200 particelle elementari e addirittura intere molecole come il fullerene non sono semplicemente solo particelle o solo onde. *Non*

---

[2] R. Feynman, R. Leighton, M. Sands: *La Fisica di Feynman III* (Zanichelli, 2001); p. 17.

sono nessuno dei due! Sono qualcosa di strano lì in mezzo, qualcosa per cui semplicemente non c'è un paragone nel macrocosmo, nel nostro ambiente abituale a un ordine di grandezza di 10^{-1} m.

Se invece fossimo oggetti del *microcosmo*, e fossimo abituati a dimensioni dell'ordine di 10^{-10} m, che è circa il diametro di un atomo, allora tutti questi stupefacenti e astrusi fenomeni quantistici non ci sembrerebbero più così strani, ma sarebbero di ordinaria amministrazione. Gli oggetti quantistici ci appaiono assurdi e paradossali solo se li guardiamo dalla prospettiva del nostro mondo macroscopico, perché in questo non ne facciamo esperienza alcuna (già: bisognerebbe essere un protone! Allora capiremmo davvero la fisica quantistica, saremmo sempre positivi e avremmo una vita pressoché illimitata :-)).

L'elettrone, alla fine, non è né un'onda, né una particella: è semplicemente un *oggetto quantistico!*

8

Il collasso
della funzione d'onda

Dove sta in fondo la contraddizione
tra i modelli corpuscolare e ondulatorio?

Negli ultimi capitoli abbiamo dovuto riconoscere che, tanto nella
fisica classica, quanto, specialmente, nella meccanica quantistica,
ci sono fenomeni ed effetti che possono essere descritti e spiegati solamente attraverso il *modello ondulatorio* oppure solamente
attraverso il *modello corpuscolare*. Quale dei due modelli debba
essere di volta in volta utilizzato, dipende in parte dall'oggetto del-
l'esperimento (cioè se si tratta per esempio di onde elettromagnetiche, elettroni, palloni da calcio o altro ancora) e in parte dalla
costruzione specifica dell'esperimento (cioè dal tipo di informazioni che si vogliono ricavare dall'oggetto in esame, e con quali
modalità).

Il carattere specifico della fisica quantistica, tuttavia, fa sì che –
e non si può dire che sia un evento raro – per uno stesso oggetto
di indagine, a seconda del modo in cui è costruito l'esperimento,
sia l'uno *che* l'altro dei modelli possano trovare applicazione o, rispettivamente, debbano necessariamente essere impiegati. Nella
fisica classica, una tale discrepanza nella descrizione non sarebbe ammissibile, perché un'onda classica è e rimarrà sempre un'onda e una particella classica rimarrà particella, senza dubbi e senza
eccezioni.

Tuttavia, ci si potrebbe chiedere qui in che cosa consiste la
grossa differenza tra un'onda classica e una particella classica, che

cosa le rende inconciliabili. Perché i modelli corpuscolare e ondulatorio devono proprio contraddirsi? In fondo ci si potrebbe immaginare, per esempio: 1) l'elettrone come una particella che si propaga descrivendo una traiettoria a forma di onda e 2) le onde d'acqua come onde che al contempo sono composte di particelle (ossia le molecole d'acqua, principalmente). Così almeno suonano le due più frequenti proposte di unificazione in proposito. Che le cose non siano così semplici, lo si capisce subito facendo una disamina dettagliata delle due possibilità appena menzionate.

1) Se si assume che gli elettroni si muovano descrivendo traiettorie ondulate, per prima cosa si pone la domanda su come essi possano, da soli, mutare la loro quantità di moto, in barba al principio di conservazione di questa grandezza: la direzione del loro moto, infatti, cambierebbe di continuo e dunque anche il vettore della quantità di moto. Come si può spiegare questo?

Inoltre, le cariche soggette ad accelerazione (l'elettrone possiede, come è noto, una carica di $-e = -1,602 \cdot 10^{-19}$ C) hanno la proprietà di emettere energia sotto forma di radiazione elettromagnetica. Gli elettroni, quindi, muovendosi appunto di moto accelerato, dovrebbero costantemente emettere onde elettromagnetiche, cosa che invece, come sappiamo, non fanno. Una simile unificazione dei modelli ondulatorio e corpuscolare sarebbe dunque davvero problematica.

2) L'aver considerato le onde sull'acqua (quale esempio emblematico di un'onda) ci ha aiutato tantissimo nella spiegazione della figura di interferenza dell'esperimento della doppia fenditura, ma c'è una differenza sostanziale e non eludibile, rispetto ai fotoni o agli elettroni.

Le molecole dell'acqua sono solo il *mezzo di propagazione* delle onde e non vengono trasportate durante il moto ondulatorio, ma attraverso di esse si propaga l'energia di oscillazione dell'onda. Le molecole d'acqua sono solo gli *oscillatori*, cioè i corpi capaci di oscillare, che consentono la propagazione dell'onda, o meglio, come si è detto, la propagazione della sua energia. E in tutto ciò l'onda rappresenta un flusso *continuo* di energia che viene trasportata. L'onda sull'acqua, di per sé, ha un'intensità che non è in alcun modo soggetta a quantizzazione.

Vediamo dunque che i modelli ondulatorio e corpuscolare effettivamente non si lasciano unificare facilmente. Esiste una differenza fondamentale tra un'onda che si propaga con continuità nello spazio, non essendo localizzata esattamente, e una particella compatta che si muove lungo una precisa traiettoria.

Risulta dunque ancora più strano che per descrivere gli oggetti quantistici come i fotoni o le particelle elementari, per uno stesso identico oggetto, a seconda della costruzione dell'esperimento, abbiamo sempre dovuto usare i due modelli in parallelo, nonostante il fatto che, dal punto di vista macroscopico, i due modelli si escludano a vicenda. In questo contesto si parla spesso di una certa dualità tra i paradigmi corpuscolare e ondulatorio: il cosiddetto *dualismo onda-particella*. Se dal punto di vista macroscopico i modelli ondulatorio e corpuscolare si contraddicono a vicenda, nella descrizione degli oggetti quantistici si completano l'uno con l'altro. Si comportano cioè in modo *complementare*.

Ovviamente, questa visione non è esattamente confortante, ma sembra proprio che non ci resti altra scelta che accettare questo sdoppiamento di personalità degli oggetti quantistici. Come abbiamo potuto constatare anche alla fine del precedente capitolo, questi oggetti si comportano in modo decisamente diverso da ciò che ci aspettiamo guardando le cose dall'abituale prospettiva macroscopica della fisica classica. Ma essi obbediscono alle leggi della *fisica quantistica*!

Che significa esattamente il dualismo onda-particella?

In generale, con il concetto di *dualismo onda-particella* si intende il fatto che un oggetto quantistico, a seconda del tipo di esperimento, in certi casi può essere descritto in modo efficiente e corretto soltanto con il modello corpuscolare, mentre in altri soltanto con il modello ondulatorio. Tuttavia, come ho già avuto occasione di dire in precedenza, le cose sono in effetti un po' più complicate di così.

Torniamo all'esperimento della doppia fenditura con gli elettroni (senza l'uso dei raggi X per determinare quale fenditura è stata attraversata) ed esaminiamo attentamente la figura di interferenza generata sullo schermo di proiezione.

Lo schermo era costituito da una lastra che si anneriva quando gli elettroni la colpivano. Se osserviamo la lastra dal davanti, dopo aver eseguito l'esperimento, riconosciamo la tipica figura a strisce, dove le strisce scure corrispondono a punti aventi una alta probabilità di arrivo degli elettroni, mentre le strisce chiare rappresentano zone di bassa probabilità. Come sappiamo dalle riflessioni fatte nel capitolo precedente, questa figura di interferenza che ritroviamo sulla lastra può essere spiegata esclusivamente attraverso il *modello ondulatorio dell'elettrone*: in nessun modo è possibile spiegarla con il modello corpuscolare. Teniamolo, per favore, sempre bene in mente.

Se ora guardiamo più da vicino la lastra colpita dagli elettroni, dobbiamo constatare con stupore che le strisce di interferenza che osserviamo non sono continue e uniformi, come ci si aspetterebbe da un elettrone-onda continuo, ma presentano una struttura granulosa. Sulla lastra è possibile identificare molto chiaramente *singoli* punti, causati dall'impatto di *singoli* elettroni-particella. Gli elettroni non incontrano dunque con continuità lo schermo di proiezione, come farebbe un'onda sull'acqua, col suo sciabordare, ma vengono rilevati sempre come *singole particelle isolate*.

Questo significa, dunque, che la nostra definizione provvisoria del *dualismo onda-particella*, data all'inizio del paragrafo come spesso viene presentata nella letteratura divulgativa, necessita di una notevole estensione. L'idea non è semplicemente quella che per la descrizione di certi esperimenti dobbiamo usare il modello ondulatorio mentre per altri dobbiamo usare il modello corpuscolare, quanto piuttosto che siamo costretti, anche all'interno dello *stesso* esperimento, a usare entrambi i modelli contemporaneamente. Infatti, come abbiamo visto nell'esperimento della doppia fenditura con gli elettroni, la figura di interferenza che compare alle spalle delle fenditure si può spiegare solo con il modello ondulatorio; il fatto invece che sullo schermo vengano rilevati sempre e solamente singoli elettroni interi, lascia concludere che gli elettroni abbiano un carattere corpuscolare.

Addirittura all'interno dello stesso esperimento dobbiamo usare parallelamente i modelli ondulatorio e corpuscolare per poter spiegare tutto quello che osserviamo, e questo nonostante il fatto che i due modelli, nel senso della fisica classica macroscopica, si contraddicano a vicenda.

Come fa l'elettrone-onda a diventare una particella sullo schermo di proiezione?

Dopo aver imparato che il dualismo onda-particella di un oggetto quantistico può intervenire anche all'interno del medesimo esperimento, si pone naturalmente la seguente domanda: come può un oggetto quantistico (per esempio un elettrone) venir registrato come una piccola macchia sullo schermo di proiezione se poco prima, nella doppia fenditura, doveva essere descritto con un'onda di probabilità? Oppure, detto altrimenti: come può, da un'onda di probabilità che non possiede alcuna direzione privilegiata di propagazione, emergere una e una sola particella su un punto preciso dello schermo? Il problema è dunque quello del passaggio dalla descrizione di un oggetto quantistico con il modello ondulatorio a quella con il modello corpuscolare.

Nella discussione che segue assumeremo per semplicità che le fenditure siano fori circolari e che gli oggetti quantistici siano i nostri ormai cari elettroni.

La descrizione dell'elettrone attraverso il modello ondulatorio dice allora che quest'ultimo, dopo aver attraversato una fenditura, deve propagarsi uniformemente in tutte le direzioni sotto forma di un'onda sferica tridimensionale. Non avendo questo elettrone-onda-sferica una direzione di propagazione privilegiata nello spazio, si dice anche che esso si propaga in modo *isotropo*. La figura di interferenza che si ottiene nell'esecuzione dell'esperimento si spiega magnificamente con la sovrapposizione delle due onde sferiche che si propagano alle spalle di ciascuna delle due fenditure (va detto che la figura di interferenza generata dalle fenditure circolari è un po' più complicata di quella a strisce incontrata fin qui, ma è pur sempre prevedibile e calcolabile in dettaglio. E per il momento a noi importa solo che essa sia spiegabile e calcolabile esclusivamente con un modello ondulatorio degli elettroni).

Il fatto cruciale è che questi elettroni-onda, come abbiamo dovuto ammettere prima, non vengono registrati come onde continue sullo schermo, ma in forma quantizzata, in modo che, volenti o nolenti, siamo costretti ad assumere un modello corpuscolare degli elettroni.

Ma come può l'onda sferica trasformarsi in una particella? Il problema è che l'elettrone, se descritto attraverso un'onda, non è localizzato esattamente. Esso si trova con una certa probabilità in un luogo e con un'altra probabilità altrove. Ma dove sia effettivamente, non si sa e non si può nemmeno sapere, perché se l'elettrone fosse univocamente localizzato, avremmo a che fare di nuovo con una particella priva della capacità di interferenza e non ci porremmo nemmeno la domanda iniziale.

Siccome però ciò che si osserva è proprio una figura di interferenza, l'elettrone non può essere localizzato, ma deve essere descritto in modo delocalizzato attraverso una funzione d'onda.

Se ci immaginiamo allora queste due onde sferiche di elettroni che interferiscono alle spalle della doppia fenditura e che si muovono verso lo schermo di proiezione, siamo di nuovo costretti ad ammettere che, nel momento in cui esse incontrano lo schermo, sono ancora spazialmente delocalizzate. Fino a questo punto, l'elettrone è ancora distribuito sull'intera onda che si espande nello spazio, o meglio: esso stesso è quest'onda. Che succede allora al resto dell'onda nel momento in cui l'elettrone viene rilevato in un punto x dello schermo di proiezione?

Che succede al resto dell'elettrone-onda?

Ricordiamoci che abbiamo condotto questo esperimento con singoli elettroni, nel senso che in ogni istante di tempo era possibile essere sicuri che un solo elettrone fosse in viaggio nell'apparato sperimentale, tra la sorgente e lo schermo. La conseguenza logica di questo è che l'intera onda-elettrone considerata fin qui deve rappresentare un solo elettrone e poiché sappiamo che sullo schermo vengono rilevati sempre singoli elettroni interi, dobbiamo concludere che questa onda-elettrone estesa nello spazio, al momento del rilevamento, deve collassare nel punto x dello schermo di proiezione. Questa improvvisa contrazione dell'elettrone-onda viene anche detta *collasso della funzione d'onda*. Questo collasso della funzione d'onda rappresenta dunque il passaggio, nella descrizione di un oggetto quantistico, dal modello ondulatorio al modello corpuscolare. Il resto dell'onda-elettrone, la parte cioè che, a causa dell'estensione dell'onda nello spazio, non si trova nel punto *x* al momento del rilevamento, sparisce semplicemente in quello stesso istante in seguito al collasso e, contemporaneamente, appare un annerimento puntiforme sullo schermo in *x*: l'indizio dell'arrivo di un elettrone.

Come la mettiamo con la simultaneità e la trasmissione istantanea di informazione?

A questo punto si potrebbe pensare: e va bene, ammettiamo pure che l'onda, semplicemente, sparisca e che nel punto *x* appaia l'elettrone, ma allora come fa esattamente a scomparire? In fondo, non si tratta qui ancora di materia? Considerando che, per quanto riguarda l'elettrone-onda nell'esperimento della doppia fenditura, si tratta effettivamente di materia che si propaga secondo una determinata funzione d'onda matematica, si pone naturalmente la questione su come una simile onda di materia possa, in un istante solo, implodere e concentrarsi tutta in un punto. Infatti, già nel momento del rilevamento la funzione d'onda non dovrebbe più esistere e questo significherebbe che la trasmissione avviene *istantaneamente*, cioè senza alcun ritardo temporale. Di fronte a questo salto quantistico ci si sente già quasi costretti a pensare a una sorta di "sottile magia quantistica" nel microcosmo. Che sciocchezza sarebbe questa?

Soprattutto Albert Einstein vedeva in questa teoria una difficoltà di principio. Da precedenti sue considerazioni teoriche (che, tra l'altro, lo portarono alla formulazione della relatività ristretta) egli riconobbe che la possibilità di una trasmissione di informazioni a una velocità superiore a quella della luce nel vuoto avrebbe portato a una serie di paradossi e a minare alla base il concetto stesso di causalità. Da ciò dedusse che le informazioni possono essere trasmesse tutt'al più alla velocità della luce.

Per quanto riguarda il nostro problema, ciò significa però che se un evento (il rilevamento di un elettrone) ha luogo in un punto *x*, l'informazione su ciò che è accaduto può propagarsi tutt'al più alla velocità della luce a un altro punto comunque scelto (per noi: a tutti gli altri punti diversi da *x* nei quali, ugualmente, si trova l'elettrone-onda nel momento del rilevamento). Dovendo l'elettrone-onda svanire in tutti i punti diversi da *x* nel momento stesso del rilevamento, dobbiamo ammettere l'esistenza di una trasmissione istantanea dell'informazione "l'elettrone è stato rilevato nel punto x" dal punto di rilevamento a tutti gli altri, una trasmissione, dunque, a velocità superiore a quella della luce.

Questo è però in contraddizione con i fondamenti della teoria della relatività ristretta, motivo per cui ad Einstein l'idea dell'istantaneo annichilimento dell'elettrone-onda dava un mucchio di grattacapi. In senso spregiativo, riferendosi a questo carattere delocalizzato degli oggetti quantistici, egli parlava di una "fantomatica azione a distanza". Questo rifiuto della descrizione della meccanica quantistica, a suo giudizio palesemente falsa, lo indusse più tardi a formulare un famoso esperimento concettuale, escogitato assieme ad altri due colleghi (ci occuperemo di questo esperimento teorico, il cosiddetto paradosso EPR, nel cap. 13).

Per poter cogliere con più esattezza le problematiche emerse fin qui, considereremo ancora una volta, in forma più isolata, questo collasso della funzione d'onda, nel caso di un esperimento molto più semplice.

Immaginiamoci, dunque, una piccola sorgente – praticamente puntiforme – che emana luce uniformemente in tutte le direzioni, cioè in modo isotropo. La radiazione elettromagnetica si allontana quindi uniformemente in direzione radiale, alla velocità della luce, naturalmente. Se riduciamo l'intensità della sorgente luminosa in modo che in un dato intervallo di tempo venga emesso un solo fotone, allora lo stato di un simile fotone isolato sarebbe descritto da una funzione d'onda avente simmetria centrale rispetto alla sorgente (vedere le circonferenze punteggiate in fig. 8.1), in quanto i fotoni non hanno motivo di preferire una direzione di propagazione a un'altra. Queste onde sferiche concentriche che rappresentano i fotoni si propagano in modo isotropo nello spazio, come accade alle onde.

Se piazziamo ora un detector (per esempio, un fotomoltiplicatore) che registri i fotoni che eventualmente lo raggiungono, otteniamo lo stesso identico problema emerso nell'esperimento della doppia fenditura. Ogni volta che un fotone viene rivelato dal fotomoltiplicatore, si pone di nuovo la domanda su come l'onda sferica che descrive il fotone collassi sul rivelatore. Finché cioè non misuriamo l'angolo di emissione di un singolo fotone, almeno secondo quanto afferma la meccanica quantistica, esso si trova con conti-

onde sferiche concentriche

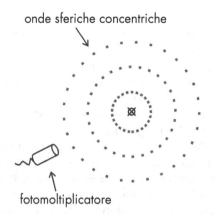

fotomoltiplicatore

Fig. 8.1. Una piccola sorgente luminosa emette singoli fotoni che si propagano sotto forma di onde sferiche concentriche

nuità in uno stato di sovrapposizione in tutti i punti a distanza r dalla sorgente di fotoni, con

$$r = c \cdot t, \qquad (8.1)$$

dove c, naturalmente, è la velocità della luce e t è il tempo trascorso dall'istante dell'emissione di quello stesso fotone dalla sorgente. Prima che noi misuriamo il fotone, esso si trova simultaneamente in tutti questi punti attorno alla sorgente, a distanza r, ma anche in nessuno di essi. Come è possibile passare, di punto in bianco, dalla letterale "ubiquità" alla scelta di un solo luogo, dalla "onnipresenza" alla localizzazione?

Con sorpresa, la soluzione standard a questo spinoso problema appare inaspettatamente semplice. Riallacciamoci alla interpretazione di Born della *funzione d'onda*: secondo Max Born, la funzione d'onda di un oggetto quantistico non era altro che una misura della *probabilità* che l'oggetto quantistico descritto dalla funzione d'onda si trovasse in un determinato punto. Come ancora possiamo ricordare dalla considerazione delle probabilità di arrivo degli elettroni sullo schermo nell'esperimento della doppia fenditura al capitolo 5, secondo l'*interpretazione di Bohr*, la funzione d'onda non è vista come un'onda reale che si propaga nello spazio allo scorrere del tempo, come fanno, per esempio, le onde sull'acqua o il suono, ma rappresenta solamente una costruzione matematica, con l'aiuto della quale diventa possibile un calcolo della probabilità dell'oggetto quantistico di trovarsi in un determinato posto.

Se per noi è chiaro che, nel considerare l'elettrone-onda o il fotone-onda, si tratta sempre solo di onde di probabilità e non di *vere* onde materiali che si propagano nello spazio e nel tempo, allora il problema si risolve da sé, in quanto è chiaro che se la funzione d'onda dell'oggetto quantistico in esame fornisce solo la sua probabilità di trovarsi in un posto o in un altro, rilevando l'oggetto nel punto *x* sappiamo dove esso effettivamente si trova e, contemporaneamente, dove esso non può trovarsi, cioè in nessuno degli altri posti possibili. Guardando la cosa matematicamente, ciò significa che la funzione di probabilità assume il valore 1 nel punto *x* (che corrisponde a una probabilità del 100%) e vale necessariamente 0 in tutti gli altri punti diversi da *x*.

In tutto ciò non è necessaria alcuna trasmissione istantanea di informazione dal punto dove avviene il rilevamento a tutti gli altri punti dove l'onda è dislocata. La funzione d'onda secondo Born, Bohr, Heisenberg e altri fisici, non è, ripetiamolo, un'onda reale che si propaga nello spazio e nel tempo, ma solo una *costruzione matematica*, che si propaga soltanto in uno spazio matematico astratto, il cosiddetto *spazio delle configurazioni*, e che serve solo a calcolare la probabilità di rinvenire un oggetto quantistico in un determinato luogo. Si presenta come qualcosa di puramente matematico e non ha alcun profondo significato fisico alle spalle, nel senso di una descrizione teorica di un processo fisico della meccanica newtoniana.

Che cosa provoca il collasso della funzione d'onda?

Adesso sappiamo che la funzione d'onda deve collassare per marcare l'impatto dei singoli elettroni. Che cosa, tuttavia, porti a questo collasso, vale a dire qual è la sua causa, non abbiamo ancora potuto chiarirlo. Come si realizza effettivamente questa riduzione dello stato degli elettroni? E perché non misuriamo alcuna sovrapposizione di più stati diversi?

Questa è una domanda molto interessante, per la quale, purtroppo, a tutt'oggi non possediamo ancora una risposta chiara.

Nella comunità scientifica, specialmente ai tempi di Bohr e di Einstein, non ci fu accordo su questo punto, e nemmeno c'è, ai nostri giorni, tra gli specialisti della meccanica quantistica. In questo modo, nel corso del tempo, sono andate via via prendendo corpo alcune diverse proposte di soluzione, dalle quali è derivato un certo ventaglio di teorie possibili. Da notare, tuttavia, che i pareri dei moderni teorici della meccanica quantistica differiscono (ancora) considerevolmente tra loro, specialmente riguardo le questioni essenziali e fondamentali.

A fronte della molteplicità delle teorie esistenti e della loro varietà, siamo costretti a questo punto, per amore di chiarezza, a menzionarne soltanto una: la prima e dunque la più vecchia (avremo modo di discutere più approfonditamente e dettagliatamente le teorie più importanti tra queste nel cap. 13, dopo aver trattato il popolarissimo esperimento concettuale del gatto di Schrödinger).

La prima e più datata teoria, rispetto alla problematica che stiamo affrontando, si basa sulle idee del fisico danese Niels Bohr (1885–1962), il quale, grazie anche all'elaborazione del modello semi-classico dell'atomo che porta il suo nome (vedere il cap. 10), divenne uno dei padri della teoria quantistica. Attorno al 1927, assieme al suo studente Werner Heisenberg, Bohr sviluppò la prima interpretazione fisica del formalismo matematico astratto proprio della meccanica quantistica. Questa interpretazione, dal nome della città dove vide la luce, è nota col nome di *interpretazione di Copenaghen* o anche *scuola di Copenaghen*.

Secondo questa spiegazione fisica, il collasso della funzione d'onda che ha luogo nell'esperimento della doppia fenditura sarebbe causato dal *processo di misurazione*. Nell'interazione tra un oggetto quantistico (per esempio un elettrone) e un oggetto macroscopico (per esempio lo schermo di proiezione) la sovrapposizione dei diversi stati dell'oggetto quantistico va irrimediabilmente perduta (in questo esempio, la simultanea presenza dell'elettrone negli infiniti luoghi dell'elettrone-onda). L'interazione dell'oggetto quantistico con l'oggetto macroscopico porta l'onda all'implosione. Il collasso della funzione d'onda è dunque un risultato del processo di misura.

Heisenberg, in uno dei suoi libri, spiegò la relazione tra il collasso della funzione di probabilità matematica e il processo fisico in sé con le parole che qui riportiamo:

La funzione di probabilità, diversamente dalla struttura matematica della meccanica newtoniana, non descrive un evento determinato, bensì, almeno per quanto riguarda i processi di osservazione, un complesso di possibili eventi. L'osservazione stessa cambia in modo discontinuo la funzione di probabilità. Essa seleziona, tra tutti i possibili processi, quello che effettivamente si è realizzato. [...] La transizione non è collegata alla registrazione del risultato dell'osservazione da parte della coscienza dell'osservatore. Il cambiamento discontinuo della probabilità avviene tuttavia a causa dell'atto della registrazione; perché qui si tratta del mutamento discontinuo della nostra conoscenza nel momento della registrazione, mutamento che viene rappresentato dal discontinuo cambiamento della funzione di probabilità.[1]

Soprattutto nella prima parte del paragrafo citato e nell'ultima frase di Heisenberg ritroviamo il contenuto dell'interpretazione probabilistica di Born della funzione d'onda. È importante qui che, secondo la scuola di Copenaghen, il *processo di misurazione* sceglie "tra tutti i possibili processi", cioè tra tutti i singoli stati di sovrapposizione dell'oggetto quantistico, quello che alla fine viene osservato. Come abbiamo già potuto sottolineare nel corso dell'esposizione dell'interpretazione di Born, l'onda di probabilità *non* descrive lo stato dell'oggetto quantistico *in sé*, ma fornisce solo la probabilità che, *nel caso di una misurazione*, il suddetto oggetto quantistico si trovi in un certo stato.

Per rifarci a un esempio già noto che possa chiarirci meglio la situazione, dobbiamo ricordarci, a questo punto, della discussione dell'esperimento della doppia fenditura con gli elettroni, completo di determinazione della fenditura attraversata per mezzo dei

---

[1] *"Die Wahrscheinlichkeitsfunktion beschreibt, anders als das mathematische Schema der Newtonschen Mechanik, nicht einen bestimmten Vorgang, sondern, wenigstens hinsichtlich des Beobachtungsprozesses, eine Gesamtheit von möglichen Vorgängen. Die Beobachtung selbst ändert die Wahrscheinlichkeitsfunktion unstetig. Sie wählt von allen möglichen Vorgängen den aus, der tatsächlich stattgefunden hat. [...] Der Übergang ist nicht verknüpft mit der Registrierung des Beobachtungsergebnisses im Geiste des Beobachters. Die unstetige Änderung der Wahrscheinlichkeit findet allerdings statt durch den Akt der Registrierung; denn hier handelt es sich um die unstetige Änderung unserer Kenntnis im Moment der Registrierung, die durch die unstetige Änderung der Wahrscheinlichkeitsfunktion abgebildet wird."* W. Heisenberg: Physik und Philosophie (Hirzel, 2000); p. 80/81. Ed. ital.: Fisica e filosofia (Net, 2003).

raggi X. A quel proposito avevamo osservato che, attraverso la determinazione della fenditura effettivamente attraversata dagli elettroni e cioè per il semplice fatto di aver ottenuto l'informazione su quale strada essi avevano preso, la *capacità di interferenza* degli elettroni inevitabilmente svaniva. Guardando le cose dal punto di vista dell'interpretazione di Copenaghen, la perdita della capacità di interferenza da parte degli elettroni – il ché equivale alla perdita delle loro proprietà di onda – avverrebbe a causa della misura della loro posizione che porta a una riduzione degli stati dell'elettrone. L'atto della misurazione della posizione dell'elettrone fa crollare la sovrapposizione dei diversi stati in cui l'elettrone prima si trovava. Dopo che la misurazione è avvenuta, l'elettrone continua a possedere solamente uno stato ben definito e localizzato: uno stato corpuscolare, che mantiene anche in seguito, interagendo immediatamente dopo, sullo schermo di proiezione, come una particella classica. Esso, di conseguenza, non può più originare alcuna figura di interferenza, caratteristica delle onde.

Si potrebbe dunque dire, in accordo con l'interpretazione di Copenaghen, che, attraverso la misurazione della posizione, ha luogo una riduzione dello stato dell'elettrone. La riduzione del pacchetto d'onda è una conseguenza del processo di misura.

9

Il dibattito
tra Bohr e Einstein

Quali furono i motivi del dibattito tra Bohr e Einstein?

Nel 1927, alla celebre quinta edizione del *Congresso Solvay* (vedere fig. 9.1), appuntamento importantissimo al quale partecipavano solo i migliori fisici dell'epoca, Niels Bohr (1885-1962), l'autore del modello atomico che porta il suo nome, tenne una conferenza sul tema di quella edizione: "Fotoni ed elettroni". Egli colse così l'occasione per presentare la nuova *meccanica quantistica*, sviluppata in gran parte da lui e dal suo allievo Werner Heisenberg come una teoria generale e completa per la descrizione degli oggetti del microcosmo. Egli inoltre, largamente in anticipo rispetto agli altri, diede una prima interpretazione fisica di quel formalismo matematico: l'*interpretazione di Copenaghen*, dal luogo dove principalmente fu elaborata.

L'occasione fu propizia e un altro partecipante al congresso, Albert Einstein, si sentì stimolato a esporre pubblicamente le sue critiche nei confronti della nuova meccanica quantistica formulata da Bohr e Heisenberg. Le intense discussioni nate tra Bohr e Einstein al congresso proseguirono a lungo anche privatamente e costituiscono quello che ormai è passato alla storia come il *dibattito tra Bohr e Einstein*.

Il fatto che, stando a quanto si deduce necessariamente dalla meccanica quantistica, un oggetto quantistico come un elettrone

Il bizzarro mondo dei quanti

Fig. 9.1. I partecipanti al Congresso Solvay a Bruxelles nel 1927:

In piedi:	Piccard, Henriot, Ehrenfest, Herzen, de Donder, Schrödinger, Verschaffelt, Pauli, Heisenberg, Fowler, Brillouin
seconda fila:	Debye, Knudsen, Bragg, Kramers, Dirac, Compton, de Broglie, Born, Bohr
prima fila:	Langmuir, Planck, Curie, Lorentz, Einstein,Langevin, Guye, Wilson, Richardson

non potesse avere contemporaneamente una posizione determinata e una quantità di moto determinata, riusciva particolarmente sgradito ad Einstein. L'inevitabile entrata sulla scena del caso, che si innestava sul principio di indeterminazione di Heisenberg e che nella meccanica quantistica assumeva un ruolo centrale nella descrizione del comportamento degli oggetti quantistici, era del tutto inconciliabile con la visione del mondo deterministica di Einstein.

Egli espresse più volte questo suo netto rifiuto dell'indeterminismo della meccanica quantistica con l'osservazione, non priva di ironia, che non poteva credere che Dio giocasse a dadi con l'universo (secondo un celebre aneddoto, Bohr avrebbe una volta ribattuto con arguzia che Einstein doveva smetterla di prescrivere a Dio quello che doveva fare). Einstein dubitava profondamente della generale pretesa di completezza della meccanica quantistica. In proposito sia detto brevemente che, in questo contesto, si parla di *completezza* di una teoria fisica quando ogni elemento della realtà fisica trova in essa un corrispettivo.

Einstein si diede dunque il compito di dimostrare che, al contrario di quanto affermava Bohr, una descrizione dei processi nel microcosmo attraverso la meccanica quantistica non poteva essere ritenuta completa. Secondo la sua convinzione, il fenomeno dell'"indeterminazione" rappresentava soltanto una barriera *apparente*, che poteva essere aggirata con un apparato sperimentale scelto in modo più abile. In seguito, queste ipotetiche grandezze fisiche che la meccanica quantistica non era in grado di afferrare vennero chiamate *variabili nascoste* o anche *parametri nascosti*.

Se queste variabili nascoste fossero davvero esistite, la posizione di Einstein sarebbe stata pienamente giustificata, perché la meccanica quantistica non avrebbe offerto una descrizione completa del microcosmo. La sua capacità di previsione si sarebbe limitata esclusivamente ad affermazioni di tipo statistico, perché gli effettivi processi sottostanti le sarebbero invece sfuggiti. Per contraddire questa – secondo lui – falsa ambizione alla completezza della teoria di Bohr, nel corso del suo dibattito con il collega, Einstein escogitò sempre nuovi e sottili esperimenti mentali, con l'aiuto dei quali tentò di rendere evidente l'inconsistenza del principio di indeterminazione di Heisenberg.

Ma che cos'è in fondo il "caso", dal punto di vista fisico?

Per poter comprendere esattamente le obiezioni cavillose ma fondamentali di Einstein, tuttavia, dobbiamo per prima cosa chiarire che cosa si intende in fisica con il concetto di caso. Ebbene, secondo la definizione di Heisenberg, occorre distinguere tra due tipi di caso: il *caso soggettivo* e il *caso oggettivo*.

Con il termine *caso soggettivo* si intende l'apparente casualità nel comportamento di un sistema che deriva dalla mancanza di informazioni precise sulle condizioni iniziali in cui il sistema stesso si trovava. Siccome la conoscenza di questi dati è indispensabile per la corretta previsione dell'evoluzione di un sistema (si ricordi il *demone di Laplace* del cap. 7), i processi per i quali una piccola variazione nelle condizioni di partenza produce estreme differenze negli stati finali, appaiono casuali.

Come esempio classico di caso soggettivo si può pensare al lancio di un dado o all'estrazione del lotto. Il calcolo delle probabilità associato a questo caso soggettivo (la probabilità, per esempio, di fare 6 con un dado ammonta naturalmente a un sesto) è uno strumento indispensabile soltanto perché gli esiti dei singoli lanci, che pure sono processi puramente deterministici, non sono noti. In tutto ciò, comunque, la validità incondizionata del principio di causalità non viene mai messa in discussione e si parte sempre dal presupposto dell'esistenza di un nesso obbligato tra causa ed effetto.

Per lo stesso motivo, esistono soltanto statistiche sulla frequenza degli incidenti aerei in certi luoghi, sotto determinate condizioni atmosferiche, in certi orari e così via, ma il luogo e il momento preciso di un simile incidente non possono essere previsti solo a causa della *mancanza di dati* di cui disponiamo e non perché non esista ogni volta una causa precisa scatenante. Di conseguenza, quando accade un simile incidente (per continuare ormai con questa immagine), appellandosi alla validità del principio di causalità, si conducono accurate indagini finché non si scopre la causa che ha provocato la sciagura. E questo perché si è sempre sicuri e si crede incondizionatamente che (almeno) una causa ci *debba* essere (che si tratti di problemi tecnici, errori umani del pilota, informazioni sbagliate arrivate dalle torri di controllo o qualunque altra cosa), una causa che ha provocato l'effetto (l'incidente aereo).

Il caso soggettivo si basa dunque solo sull'ignoranza delle condizioni precise nelle quali un fenomeno complesso ha luogo; tuttavia, si parte sempre dal presupposto che i processi fisici siano *in sé stessi determinati*, cioè soggetti alle leggi di causalità.

Il concetto di *caso oggettivo* – contrariamente al caso soggettivo – si riferisce invece a un processo che davvero è *assolutamente casuale*, per il quale cioè la causa non tanto è nascosta, ma proprio non c'è. Questo tipo di casualità, dunque, a differenza del caso soggettivo, non dipende da una nostra mancanza di informazioni circa le condizioni al contorno di un processo, ma si tratta di casualità pura, nel senso che non c'è più alcuna relazione vincolante tra causa ed effetto. L'idea del caso oggettivo è dunque in diretta contraddizione con il principio di causalità, in quanto causa ed effetto non sono più collegati dal nesso di causalità. Questo è il punto fondamentale, ciò che fa la differenza *qualitativa* tra il caso oggettivo e quello soggettivo.

Come sappiamo, dal punto di vista della fisica classica non può esserci il caso oggettivo, perché ogni evento accade nel rigoroso rispetto delle leggi della meccanica di Newton in modo che l'universo intero, in linea di principio, evolve obbedendo alle stesse leggi deterministiche, con la precisione di un orologio svizzero.

In che cosa consistevano le critiche di Einstein?

Siccome Einstein, comprensibilmente, era invece dell'idea che la validità del principio di causalità dovesse essere ammessa a priori da chiunque fosse dotato di sano buon senso, si capisce come egli non potesse familiarizzare con l'idea dell'esistenza di un caso veramente oggettivo. Tanto più che, fino a quel punto, la validità del principio di causalità era un assunto fondamentale di ogni scienza.

Di fatto, però, nella meccanica quantistica proprio questo caso oggettivo costituisce un elemento fondamentale della teoria. Il principio di indeterminazione di Heisenberg, infatti, a differenza di quanto si può erroneamente pensare in un primo momento, non solo limita alla base la scelta di quale tra le proprietà di un oggetto quantistico possiamo conoscere (per esempio la posizione o la quantità di moto), ma prevede addirittura che un oggetto quantistico possa a tratti non avere *di per sé* una proprietà precisa. Se la quantità di moto di un oggetto quantistico è conosciuta con molta precisione, allora la sua posizione non solo non può essere determinata con esattezza, ma l'oggetto quantistico non possiede proprio una posizione precisa. Si potrebbe esprimere questo concetto in modo un po' provocatorio così: se un elettrone viene costretto a volare in una precisa direzione, neppure lui sa più esattamente dove si trova.

Un ulteriore aspetto che giustificava i dubbi di Einstein circa la completezza della meccanica quantistica era, per esempio, il fatto che essa non fosse in grado di dare un'informazione precisa sull'effettivo punto di impatto dell'elettrone sullo schermo. L'equazione di Schrödinger, contenente la funzione d'onda che descrive lo stato di un oggetto quantistico, rappresenta una formulazione matematica equivalente alla meccanica matriciale di Heisenberg. Essa non può dare alcuna indicazione univoca e definitiva sul punto di impatto dell'elettrone sullo schermo, ma fa soltanto affermazioni sulla probabilità che l'elettrone ha di finire in un determinato punto.

Secondo la teoria quantistica di Bohr e Heisenberg, il punto finale di impatto deve essere assolutamente casuale, in quanto l'informazione sul preciso luogo di caduta non è contenuta nella funzione d'onda che descrive l'elettrone. Questa incertezza oggettiva ha come conseguenza il fatto che non si possa più stabilire con esattezza la traiettoria che l'oggetto percorre. Il formalismo matematico della meccanica quantistica ci consente, da un lato, di fare previsioni sulla *probabilità* di trovare un oggetto quantistico in un determinato punto nel caso di una misurazione, ma rende al contempo priva di senso e assurda la domanda circa l'effettivo luogo dove l'oggetto quantistico si trova quando noi non lo osserviamo, cioè quando non facciamo una misura. E questo perché, per quanto riguarda la posizione, un oggetto quantistico si trova in una condizione di *sovrapposizione* tra tutti gli infiniti luoghi possibili. Finché non lo obblighiamo con una misurazione, esso non possiede alcuna fissata proprietà (classica).

Da tutto ciò, tuttavia, segue necessariamente che anche il luogo finale di rilevamento dell'elettrone deve essere *oggettivamente casuale*. Se ci immaginiamo infatti un oggetto quantistico che si trovi in una regione di spazio con probabilità di permanenza uniforme in ogni punto, per il fatto che l'oggetto non possiede alcuna proprietà precisa, non rimane altra possibilità che ammettere che il luogo di rilevamento finale sia oggettivamente casuale. L'equazione di Schrödinger non è in grado di fornirci alcuna informazione circa il luogo in cui la funzione d'onda collasserà nel momento della misurazione.

Se consideriamo completa la descrizione attraverso il formalismo quantomeccanico, il luogo del collasso può solo essere scelto a caso. Stando alla meccanica quantistica, dunque, l'effetto finale non ha effettivamente alcuna causa.

Questo fondamentale *indeterminismo*, che caratterizza profondamente tutta la meccanica quantistica, non poteva in alcun modo essere accettato da Einstein. Egli, infatti, era convinto che, per ogni effetto, dovesse sempre esserci una causa, non importa che si tratti di processi macroscopici (come il gioco del biliardo o i moti planetari) oppure di processi microscopici (come gli eventi all'interno dell'atomo). Egli riteneva che anche per tutto quello che accadeva sul piano quantistico dovessero esserci cause preordinate. E questo non perché egli si attenesse al principio della stretta causalità, o perché la fisica classica non ammettesse questi "saltelli" quantistici, ma solo e semplicemente per il fatto che non poteva concepire un mondo indeterministico. L'ipotesi di un universo che implicasse l'indeterminismo era semplicemente in contrasto con la sua comprensione naturale.

Anche l'intrinseca e inevitabile *non oggettivabilità* della meccanica quantistica secondo l'interpretazione di Copenaghen, metteva Einstein profondamente a disagio. Egli non poteva pensare che un elettrone, finché non lo misuriamo, non avesse una precisa ubicazione, come affermava, in fondo, la scuola di Copenaghen. Come si addiceva a ogni bravo fisico che si sforzasse di mantenere un atteggiamento scientifico e obiettivo di fronte alla natura, anche per lui condizione essenziale per l'esercizio della scienza era che l'oggetto da descrivere fosse indipendente dal processo e dal sistema di osservazione. Negli ultimi anni della sua vita, a proposito di questa convinzione, egli chiese una volta al suo buon amico e collega Abraham Pais col suo tipico tono ironico:

Credi davvero che la luna esista solamente quando tu la guardi?[1]

Da un altro passo tratto da una lettera di Einstein a Max Born del 1926, nella quale egli si mostra critico nei confronti della neonata teoria quantistica, abbiamo preso le seguenti parole:

La teoria è potente, ma non ci avvicina molto di più ai segreti del Vecchio. Ad ogni modo, io sono convinto che Lui non giochi a dadi.[2]

Da queste esternazioni negative di Einstein si capisce molto chiaramente quanto poco egli tenesse in considerazione l'interpretazione di Copenaghen sostenuta da Bohr. Appare senza dubbio quanto Einstein fosse convinto che la meccanica quantistica non fosse in grado di descrivere completamente la Natura. Egli ammetteva la grande capacità di questa teoria di fare previsioni (dal suo punto di vista, da intendere esclusivamente in senso statistico), ma respingeva ogni sua pretesa di poter fornire una teoria *completa* per la descrizione degli eventi nel microcosmo.

---

[1] *"Glaubst du denn wirklich, der Mond existierte nur, wenn du auf ihn blickst?"* Biographie: *Einstein* (Spektrum, 2002); p. 91.
[2] *"Die Theorie leistet viel, aber dem Geheimnis des Alten bringt sie uns kaum näher. Jedenfalls bin ich überzeugt, dass der nicht würfelt."* C. Held: *Die Bohr-Einstein-Debatte* (Schöningh, 1998); p. 73.

A un primo esame superficiale, le opinioni di Einstein che abbiamo riportato potrebbero forse sembrare arbitrarie e soggettive; con esse non volevamo comunque né sminuire, né difendere i suoi contributi scientifici. Il suo rifiuto nei confronti della meccanica quantistica si può comprendere abbastanza facilmente con motivazioni logiche e umane. Un mondo a-causale sarebbe necessariamente in conflitto con ogni mentalità improntata alla razionalità. Per natura non possiamo fare altro che inseguire e ricercare le cause delle cose e agire in base a esse. Non farlo sarebbe evidentemente tanto insensato quanto poco utile nella vita di tutti i giorni.

Risulta semmai ancora più impressionante il fatto che Einstein, già così in anticipo sui tempi, nella primissima fase di sviluppo della meccanica quantistica, con le sue acute osservazioni, centrasse con precisione il cuore del problema della teoria.

Che esperimenti discussero Bohr e Einstein?

Nel seguito discuteremo uno dei più noti esperimenti mentali formulati da Einstein per rendere evidenti le sue critiche. L'apparato sperimentale è sostanzialmente simile a quello dell'esperimento della doppia fenditura, a noi peraltro ben noto dai capitoli precedenti. L'unica essenziale differenza è che in questo caso la doppia fenditura è *mobile*.

Dalle nostre precedenti considerazioni sull'esperimento della doppia fenditura sappiamo che la maggior parte degli elettroni subisce una deviazione e cambia la propria direzione di moto, lasciando sullo schermo una figura allargata ai bordi e non concentrata direttamente dietro la fenditura. Ciò che finora non abbiamo ancora considerato, tuttavia, è il fatto che, per il principio di conservazione della quantità di moto, al cambiamento della quantità di moto degli elettroni deve corrispondere un cambiamento uguale e opposto della quantità di moto della doppia fenditura. La doppia fenditura, per così dire, subisce una sorta di contraccolpo a causa della collisione degli elettroni. In altre parole, quando l'elettrone, passando attraverso la fenditura, viene deviato, trasmette a questa una quantità di moto che eguaglia in grandezza la variazione della quantità di moto subita dall'elettrone stesso, ma che ha direzione opposta. Questa variazione della quantità di moto della fenditura poteva essere finora tranquillamente trascurata a causa della grande differenza di massa esistente tra la doppia fenditura e il minuscolo oggetto quantistico.

Secondo la teoria della meccanica quantistica, tuttavia, affinché si generi una figura di interferenza sullo schermo di proiezione, l'elettrone non può avere una direzione di propagazione preferita dopo il passaggio attraverso la fenditura. Questo perché, per possedere la capacità di interferenza, esso deve essere descritto come un elettrone-onda tridimensionale, e le onde non hanno una direzione di propagazione definita oltre la fenditura. Considerando invece la cosa dal punto di vista della *complementarità* delle imprecisioni sulla quantità di moto e sulla posizione, se vogliamo poter prevedere con grande accuratezza il punto di arrivo degli elettroni sullo schermo calcolando la posizione delle strisce scure, dobbiamo purtroppo rassegnarci al fatto che, inevitabilmente, a causa del principio di indeterminazione, non possiamo conoscere esattamente la quantità di moto dell'elettrone, cioè la direzione della sua deviazione dopo il passaggio attraverso la fenditura.

È dunque impossibile, secondo la meccanica quantistica, misurare la variazione della quantità di moto dell'elettrone (e dunque anche della doppia fenditura) e, contemporaneamente, ottenere una figura di interferenza, perché mantenere la figura di interferenza e determinare esattamente la variazione della quantità di moto sono faccende che, quantisticamente, si escludono a vicenda. E se ricordiamo gli esperimenti del capitolo 5 nei quali, con i raggi X, cercammo di stabilire quale delle due fenditure l'elettrone aveva attraversato, allora sappiamo pure che ogni tentativo di "concretare" la traiettoria dell'elettrone attraverso le due fenditure porta alla perdita della sua capacità di interferenza.

Di conseguenza, la meccanica quantistica prevede che, nel caso di una precisa determinazione della deflessione dell'elettrone, la figura di interferenza deve scomparire, lasciandoci senza informazioni circa l'esatto punto di arrivo sullo schermo. Dovremmo allora constatare che la meccanica quantistica non consente di ottenere *contemporaneamente* sia l'informazione sulla direzione della deviazione che la conservazione della figura di interferenza.

Da questi principi di indeterminazione segue però l'oggettiva casualità – tanto odiata da Einstein – del punto di arrivo effettivo degli elettroni sullo schermo. Questo punto non è conoscibile deterministicamente perché la meccanica quantistica, in linea di principio, non fa alcuna affermazione sulla traiettoria lungo la quale si muove l'elettrone, ma fornisce soltanto la *probabilità* con cui un elettrone finisce sul punto *x* dello schermo.

Per questo Einstein si era dato il compito di scoprire un livello sottostante al piano di descrizione dei processi quantistici. Contro l'argomentazione della meccanica quantistica riportata sopra, egli elaborò, tra le altre, anche la seguente idea.

Attraverso un apparato strumentale molto sensibile, applicato a una doppia fenditura mobile, si potrebbe immaginare di riuscire a misurare la variazione di quantità di moto subita dalla fenditura in seguito alla deflessione di un elettrone. Einstein stesso immaginò una possibile costruzione teorica di un simile apparato sperimentale, nel quale la doppia fenditura poteva muoversi (essendo per esempio fissata a una cornice esterna attraverso sensibilissime molle di metallo) ed era dotata di un indicatore (visibile in fig. 9.2 al di sotto delle fenditure) che, su una scala fissata alla cornice esterna, permettesse di misurare lo spostamento della doppia fenditura verso destra o sinistra.

In tutto ciò non sarebbe nemmeno necessaria la conoscenza precisa dell'intensità della variazione della quantità di moto: già la semplice informazione se l'elettrone ha deviato a destra o a sinistra ci svelerebbe molto di più dello stato dell'elettrone di quanto la meccanica quantistica non è in grado di dire.

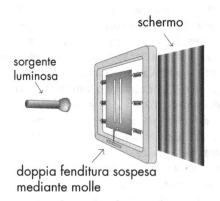

Fig. 9.2. La costruzione schematica di uno degli esperimenti mentali di Einstein

Se in un simile esperimento fosse effettivamente possibile determinare la direzione di deflessione degli elettroni senza distruggere la figura di interferenza, allora avremmo davvero in mano una prova del fatto che la meccanica quantistica non offre una descrizione completa del microcosmo. In questo modo, il disagio di Einstein nei confronti del principio di indeterminazione di Heisenberg avrebbe trovato un fondamento sperimentale. Prima, tuttavia, di dedicarci alla risposta di Bohr su questo punto, vorrei parlare brevemente del significato fisico dell'esperimento mentale in sé.

Su quali fatti sperimentali si basava la discussione?

Per amore di chiarezza, non bisogna qui tacere il fatto che gli esperimenti sull'interferenza di fotoni, elettroni ecc., ai tempi di Bohr e Einstein, e dunque nella prima metà del XX secolo, rimanevano dei *puri esperimenti mentali*, ossia non erano esperimenti concreti che nella pratica si riuscivano a condurre. Per di più, sussistevano persistenti dubbi sul fatto che simili esperimenti, come per esempio quello della doppia fenditura con gli elettroni o altri esperimenti mentali sorti ai tempi del dibattito tra Bohr e Einstein, sarebbero mai stati eseguibili nella realtà. Bisogna essere ben consapevoli di questo perché è davvero impressionante come Einstein e Bohr, in testa a tutti, indagassero il microcosmo esclusivamente attraverso esperimenti mentali e non attraverso esperimenti reali.

A proposito di quanto ho appena detto, vorrei citare un aneddoto divertente. Quando Einstein era già famoso, un giornalista gli chiese un giorno dove aveva sede il laboratorio nel quale aveva ottenuto le conoscenze necessarie per la formulazione delle sue teorie rivoluzionarie. Einstein mise una mano nella tasca della sua giacca, estrasse la penna stilografica e disse, indicandola, che quello era il suo laboratorio.

Già; questo illustra perfettamente la mentalità di Einstein: egli era essenzialmente un fisico teorico. La sperimentazione la lasciava volentieri ad altri. L'ambito specialistico da lui preferito era la fisica teorica: il puro "rimuginare e calcolare". Soltanto con carta e matita aveva sviluppato la sua teoria della relatività ristretta e generale per la descrizione del macrocosmo e soltanto con carta e matita cercava di contraddire le teorie di Bohr e Heisenberg sulla descrizione del microcosmo. Quest'ultima cosa, tuttavia, non sarebbe riuscita al genio universale.

Come rispose Bohr?

Come abbiamo appena ricordato, le idee di Einstein non erano suscettibili di una verifica diretta attraverso un concreto apparato sperimentale. Per questo, dopo che Einstein gli aveva comunicato le riflessioni critiche di cui sopra, Bohr dovette tentare di scovarvi un appiglio *teorico*, una disattenzione *concettuale*, in modo che la rivendicazione alla completezza della meccanica quantistica ne uscisse illesa. È infatti soltanto attraverso la scoperta di una *inconsistenza* nella descrizione o nello "svolgimento" di un esperimento mentale che lo stesso viene falsificato, senza ricorrere a un esperimento reale.

Fortunatamente (oppure purtroppo, a seconda di come la si prende), dopo una intensa analisi dell'esperimento mentale di Einstein, Bohr riuscì a trovare questo "appiglio": la deduzione errata risiedeva in una sbagliata valutazione della *sospensione elastica* della doppia fenditura.

Adesso ci si chiederà probabilmente perché proprio il molleggio della doppia fenditura sia il colpevole. Ebbene, l'argomentazione è un po' contorta, anche se la materia, di per sé, non è poi così complicata. Concentriamoci intanto sul meccanismo col quale dovrebbe essere misurata la variazione della quantità di moto dell'elettrone. Per prima cosa, dovrebbe essere chiaro che abbiamo bisogno di una doppia fenditura che sia il più possibile piccola e leggera, così sensibile da lasciarsi spostare dalla posizione di quiete dalla collisione di un singolo elettrone. Dovrebbe essere evidente che una simile doppia fenditura sia estremamente difficile da realizzare nella pratica, ma per ora non vogliamo farci intimorire da questo, perché si tratta proprio, alla fine, di un esperimento *mentale*. Per definizione, in simili esperimenti, le difficoltà di natura esclusivamente tecnica sono da trascurare puramente per principio.

Ciò a cui, invece, bisogna continuamente prestare la massima attenzione nell'analisi di un esperimento mentale, è che nessuna fondamentale legge fisica venga anche solo in parte trascura-

Fig. 9.3. Due colleghi, e buoni amici, che discutono intensamente: Bohr e Einstein

ta, falsificata o addirittura non presa in considerazione del tutto. A dispetto delle difficoltà tecniche che una simile doppia fenditura mobile presenta, dobbiamo allora prendere atto di un dato fondamentale e di assoluto peso: se si vuole costruire una doppia fenditura che, con la sua ridottissima massa, sia in grado di registrare la quantità di moto di un singolo elettrone, allora un simile labile oggetto non può più *esso stesso* essere considerato un oggetto macroscopico. Questa costruzione assolutamente speciale deve essere inevitabilmente trattata al pari di un oggetto quantistico, soggetto alle stesse leggi quantistiche che regolano il comportamento dell'elettrone. A seguito di ciò, come tutti gli oggetti quantistici, nemmeno la doppia fenditura può sfuggire agli effetti fondamentali del principio di indeterminazione: o conosciamo esattamente la sua posizione, o conosciamo esattamente la sua quantità di moto, ma mai entrambe contemporaneamente, con la precisione che vorremmo.

Se dunque volessimo tentare di realizzare l'esperimento mentale di Einstein, dovremmo per prima cosa portare la doppia fenditura mobile nella posizione centrale di riposo in modo da poter misurare, in seguito, il suo spostamento dallo stato di quiete a causa della deflessione di un elettrone. Purtroppo però sappiamo che già questo è impossibile, perché se la posizione della doppia fenditura è fissata esattamente, la sua quantità di moto deve necessariamente essere indeterminata. Quanto più ci sforziamo di mettere la doppia fenditura in quiete, per poter cominciare l'esperimento, tanto più essa si dimena come una pazza tutto attorno, non essendo controllabile la sua quantità di moto.

Stando così le cose, dobbiamo prendere atto, più o meno rassegnati, che l'esperimento così astutamente escogitato da Einstein, purtroppo, non può raggiungere lo scopo che si era prefissato, e cioè di aggirare sperimentalmente la relazione di indeterminazione di Heisenberg, ma è destinato a naufragare proprio sullo stesso scoglio che voleva rimuovere. Nei nostri sforzi disperati, dunque, ci siamo girati su noi stessi di 360 gradi e ci troviamo di nuovo all'inizio.

Quali conclusioni possiamo trarre dal dibattito tra Bohr e Einstein?

Innanzitutto, abbiamo raggiunto una certa consapevolezza del fatto che la spesso citata indeterminazione non si lascia aggirare tanto facilmente. Se di essa sia possibile o no fare a meno, è tuttora oggetto di discussione. Bisogna soltanto dire che Einstein, con la molteplicità delle sue idee e il gran numero di esperimenti mentali che sempre riusciva a escogitare, frequentemente era riuscito a mettere Bohr in serio imbarazzo. Alla fine, però, nessuno dei qualificati attacchi di Einstein ai danni della teoria di Bohr riuscì a essere decisivo.

Per dirla in altre parole: per quanto sgradevole la meccanica quantistica possa risultare, non è così facile trovare la leva giusta per scardinarla e disfarsene. Che possiamo farci?

Per esprimere ancora qualche piccola critica in chiusura di questa esposizione del dibattito tra Bohr e Einstein, sia detto che anche se le discussioni profonde che ne sono seguite hanno avuto un grande significato per lo sviluppo della meccanica quantistica, dal nostro attuale punto di vista (almeno in apparenza ;-)) obiettivo, dobbiamo ammettere che Einstein e Bohr nei loro dibattiti non sempre si sono capiti e hanno parlato delle stesse cose.

Einstein, in tutte le sue argomentazioni, assumeva sempre una visione del mondo indipendente dall'osservatore, laddove Bohr, al contrario, era convinto che nel microcosmo proprio questa condizione non meritasse di essere discussa, perché impossibile da assumere. Secondo Bohr, a causa della complementarità delle proprietà fisiche degli oggetti quantistici, che tra l'altro trovano espressione nel principio di indeterminazione, lo stesso apparato di misurazione deve essere incluso nella riflessione fisica. Se misuriamo una proprietà come la posizione di un oggetto quantistico, proprio una simile misura distrugge la sovrapposizione delle infinite posizioni possibili per l'oggetto quantistico, riducendole tutte a un unico luogo concreto – provocando cioè il *collasso della funzione d'onda*. Ciò, tuttavia, porta necessariamente a una rinuncia all'oggettività, laddove Einstein, invece, con veemenza, voleva descrivere oggettivamente il mondo fisico e chiedeva che la fisica fosse oggettiva e indipendente dalle misure (e dall'uomo). E proprio questo, secondo Bohr, è impossibile nella meccanica quantistica. Di conseguenza, si capisce come, inevitabilmente, entrambi i geni dovettero continuamente non capirsi, forse addirittura senza nemmeno essere consapevoli coscientemente di queste due diverse visioni del mondo.

Naturalmente Einstein non si era lasciato scoraggiare tanto facilmente dai piccoli insuccessi, e meno che mai si era dato definitivamente per vinto. Egli rimase convinto, fino alla fine della sua vita, che dovessero esserci ancora delle *variabili nascoste*, che ci fosse cioè un livello di descrizione deterministico al di sotto del piano descrittivo della teoria quantistica, in modo che la casualità oggettiva di Heisenberg si rivelasse soltanto apparente, perché basata semplicemente su una teoria incompleta. Pochi anni dopo il suo espatrio negli Stati Uniti del 1933, egli si accinse a sferrare un nuovo attacco alla meccanica quantistica (attacco che negli anni successivi si sarebbe rivelato decisivo per la profonda comprensione della fisica dei quanti) attraverso un esperimento mentale assolutamente nuovo, la cui importanza è incontestabile sia dal punto di vista teorico-interpretativo che dal punto di vista delle applicazioni, specialmente ai nostri giorni: l'*esperimento EPR*, col quale ci cimenteremo per la verità un po' più avanti, a partire dal capitolo 13.

10

Il modello atomico di Bohr

Quali modelli erano già stati proposti per l'atomo?

Già all'inizio di questo libro abbiamo affrontato la fondamentale questione della composizione della materia. In questo paragrafo vogliamo riprendere e integrare, dal punto di vista storico, la descrizione dei primi modelli dell'atomo abbozzata nel capitolo 1, per poter capire come mai fosse necessaria la formulazione di un nuovo modello, più vicino alla realtà.

Come tutti sanno, l'idea che la materia fosse composta da piccolissime particelle indivisibili risale già agli antichi greci, anche se simili ipotesi erano basate più su motivazioni di carattere filosofico che su veri e propri argomenti scientifici, nel senso della fisica di Galilei o Newton. Così, già i filosofi del V secolo a. C. Leucippo e Democrito assumevano l'esistenza di particelle irriducibili, chiamate *atomi* (dal greco átomos = senza parti, indivisibile).

Molto tempo dopo, questa antica ipotesi fu ripresa e sviluppata dal chimico inglese John Dalton (1766–1844) che la reintrodusse a causa di determinate regolarità che si osservavano negli esperimenti chimici. Dalton riconobbe che la *legge delle proporzioni costanti e multiple* (secondo la quale gli elementi si combinano chimicamente tra loro soltanto secondo determinati rapporti di massa o loro multipli interi) poteva essere spiegata ammettendo l'esistenza degli atomi. In tutto ciò, ogni atomo di un determinato elemento chimico doveva avere sempre la stessa massa e le stesse dimensioni e, almeno chimicamente, non essere ulteriormente divisibile. Questo iniziale modello, tuttavia, non era naturalmente in grado di spiegare tutti i fenomeni osservati.

Fu l'inglese Joseph Thomson (1856–1940) a scoprire, attraverso i suoi esperimenti con i tubi a raggi catodici, che dovevano esserci particelle dotate di carica negativa: gli *elettroni*. Con i suoi esperimenti egli era perfino in grado di determinare il rapporto q/m, cioè la carica per unità di massa di questi elettroni. Inoltre, per spiegare i suoi risultati, egli ammise l'esistenza di particelle dotate di carica positiva (gli ioni positivi). Il modello dell'atomo costruito da Thomson sulla base di queste nuove conoscenze viene anche chiamato *modello del panettone*. Secondo questo modello ci si può immaginare l'atomo come una massa compatta di materia positiva nella quale, con regolarità, sono intrappolati gli elettroni negativi, come l'uvetta nel panettone.

Già nel XIX secolo, dunque, fu chiaro che il cosiddetto atomo non era davvero indivisibile come originariamente era stato supposto, oppure, alternativamente, che il vero atomo – se esisteva – non era ancora stato trovato.

Quando tuttavia nel 1903 Philipp Lenard (1862–1947) cominciò a ottenere maggiori informazioni sulla costituzione degli atomi attraverso il bombardamento di fogli di alluminio con elettroni accelerati, il modello atomico di Thomson non resse più il confronto con i nuovi dati sperimentali. Lenard riconobbe che l'atomo in massima parte doveva essere vuoto e non una struttura estesa, come pensava Thomson.

Qualcosa di più preciso venne scoperto, poco dopo, da Ernest Rutherford (1871–1937) che, attraverso raffinati esperimenti, giunse un modello atomico migliore. Egli bombardò sottilissimi fogli d'oro, dello spessore di appena un centinaio di atomi, con *radiazioni alfa*, ossia con fasci di *particelle alfa* – che sono nuclei di elio emessi da elementi radioattivi – e studiò l'angolo ϑ sotto il quale le particelle alfa venivano deviate al passaggio attraverso il foglio d'oro. Rutherford dovette constatare che solo una parte del tutto insignificante delle particelle subiva una deviazione; tra queste, tuttavia, ve ne erano comunque alcune che rimbalzavano sul foglio di un angolo di quasi 180 gradi. Egli mise così in luce che un simile comportamento non poteva essere spiegato con il modello proposto da Thomson, nel quale la carica positiva era pensata distribuita uniformemente su tutto l'atomo.

Da simili fruttuosi esperimenti, Rutherford poté trarre le seguenti conseguenze, che lo portarono all'elaborazione di un nuovo modello atomico:

- gli atomi sono per la maggior parte vuoti;

- l'atomo possiede un nucleo estremamente piccolo e compatto, carico positivamente, dell'ordine di grandezza di 10^{-15} m;

- gli elettroni, alla periferia dell'atomo, ruotano liberamente attorno al nucleo a determinate distanze da esso. La forza centripeta necessaria a un simile moto è ovviamente rappresentata dall'attrazione elettrostatica tra elettrone e nucleo. Dal punto di vista dell'elettrone, la forza centrifuga causata dalla sua velocità è uguale e opposta all'attrazione del nucleo.

Questo modello dell'atomo rispecchia in modo inconfondibile la costruzione del nostro sistema solare. Per questo, il *modello atomico di Rutherford* viene anche detto *modello planetario*. La condizione di equilibrio per cui l'attrazione elettrica deve compensare la forza centrifuga, espressa dalla formula

$$F_{\text{elettrica}} = -F_{\text{centrifuga}}, \qquad (10.1)$$

ci è pure nota dalla meccanica di Newton.

La *forza elettrica*, detta anche *forza di Coulomb*, è data dalla formula:

$$F_{\text{elettrica}} = \frac{1}{4\pi\epsilon_0} \frac{Q_1 Q_2}{r^2}, \qquad (10.2)$$

dove Q_1 e Q_2 sono le cariche elettriche e r la loro distanza. La costante ϵ_0 si chiama *costante dielettrica del vuoto* e vale circa $\epsilon_0 = 8{,}854 \cdot 10^{-12}$ As/Vm.

La *forza centrifuga* è espressa dall'equazione:

$$F_{\text{centrifuga}} = \frac{mv^2}{r}. \qquad (10.3)$$

Di conseguenza, la condizione di equilibrio (10.1) alla base del modello atomico di Rutherford diviene:

$$\frac{1}{4\pi\epsilon_0} \frac{Q_1 Q_2}{r^2} = -\frac{mv^2}{r}. \qquad (10.4)$$

10 Il modello atomico di Bohr

Quali sono i punti deboli del modello atomico di Rutherford?

Nonostante i notevoli miglioramenti, anche questo modello dell'atomo presenta alcuni svantaggi. Esso non spiega, per esempio, i seguenti due fatti fondamentali.

a) *Discontinuità degli spettri di assorbimento e di emissione.*
È un dato di fatto sperimentale che gli atomi possono emettere e assorbire radiazione elettromagnetica soltanto in ben determinate frequenze, caratteristiche per ogni elemento. Se, per esempio, si esamina dal punto di vista spettroscopico la luce emessa da atomi di mercurio eccitati, si constata che non viene emesso uno spettro continuo, ma è possibile riconoscere solamente alcune precise *linee spettrali* in corrispondenza di frequenze ben determinate (vedere fig. 10.1). Ma allora perché vengono emesse o assorbite soltanto certe frequenze e non altre?

b) *Stabilità dell'atomo.*
Secondo l'elettrodinamica classica, le cariche accelerate emettono energia sotto forma di radiazione elettromagnetica. Siccome nel modello atomico di Rutherford gli elettroni ruotano attorno al nucleo, essi sono soggetti a una accelerazione radiale. A causa di questa continua accelerazione, gli elettroni dovrebbero quindi cedere energia a spese della propria energia cinetica, finendo per precipitare sul nucleo. Gli atomi, dunque, non dovrebbero essere stabili, ma dovrebbero immediatamente collassare. Che questo, nella realtà, non sia il caso

Fig. 10.1. Discontinuità effettiva delle linee spettrali in spettroscopia:
sopra: linee di assorbimento degli atomi di mercurio
sotto: linee di emissione degli atomi di mercurio

nostro, dovrebbe essere evidente. Gli atomi sono evidentemente stabili[1]. Come si spiega allora la stabilità degli atomi?

Queste domande che, nonostante tutti gli sforzi teorici, rimanevano ancora senza risposta, costrinsero ad ammettere che, per lo meno, il modello atomico di Rutherford non era completo. La ricerca di una teoria migliore, più vicina alla realtà, era dunque di nuovo aperta.

Come risolve il modello di Bohr queste discrepanze?

A fronte della stabilità dell'atomo e della discontinuità degli spettri di emissione e assorbimento, chi si sforzò di risolvere finalmente le contraddizioni tra la teoria atomica di Rutherford e la realtà, fu proprio il fisico danese Niels Bohr (1885–1962), ormai a noi ben noto. Per farlo, egli estese il modello di Rutherford comprendendovi l'ipotesi di Planck. Nel 1913, attraverso questo suo nuovo *modello atomico quantizzato*, egli riuscì a spiegare e prevedere la posizione delle linee spettrali dell'atomo di idrogeno. Il modello atomico semi-classico di Bohr si basa di fatto su tre postulati fondamentali, chiamati in suo onore *postulati di Bohr*.

1° Postulato di Bohr

Nell'atomo, un elettrone che ruota attorno al nucleo positivo, può occupare soltanto determinate traiettorie discrete di energia E_n (con $n = 1, 2, 3, \ldots$). Queste traiettorie vengono dette *stati stazionari*.

2° Postulato di Bohr

All'interno dell'atomo, gli elettroni che si muovono lungo le traiettorie stabili, cioè gli stati stazionari, non emettono radiazione.

---

[1] Una eccezione è costituita naturalmente da tutti i nuclei radioattivi, ma è provato che il fenomeno della radioattività si basa su cause completamente diverse e non può in alcun modo essere spiegato attraverso una simile "cascata di elettroni" sul nucleo.

In caso di passaggio di un elettrone da un livello energetico n a un altro livello m più basso, viene emessa energia (*emissione*), sotto forma di un fotone, pari a

$$\Delta E = E_m - E_n = h \cdot \Delta \nu. \qquad (10.5)$$

Allo stesso modo, per portare un elettrone dal proprio livello energetico a un livello superiore, viene assorbito proprio un fotone di energia ΔE, secondo l'equazione (10.5) (*assorbimento*).

L'atomo, dunque, non è costretto a emettere continuamente energia a causa dell'accelerazione radiale dei suoi elettroni; l'energia viene liberata solo nel caso del salto di un elettrone dal proprio livello a un altro più basso.

3° Postulato di Bohr

Il momento della quantità di moto, o momento angolare di un elettrone, definito come $L = mv \cdot r$, e cioè come il prodotto della quantità di moto mv per il raggio r, può assumere nell'atomo soltanto valori discreti: esso è cioè *quantizzato*. I valori ammessi sono solo i multipli interi di $\hbar$:

$$L = mv \cdot r = n\hbar, \qquad (10.6)$$

dove $n = 1, 2, 3, \ldots$

Credo che valga la pena, a questo punto, di inserire una ulteriore spiegazione che, pur non essendo dovuta a Bohr, ma a Louis de Broglie, mi sembra abbia comunque un grande valore intuitivo. La spiegazione si basa sul principio dell'*onda di materia* introdotto da de Broglie. Questo principio, espresso matematicamente attraverso la formula della lunghezza d'onda di de Broglie, afferma che a ogni materia in moto può sempre essere associata una lunghezza d'onda.

Ci si immagini allora un elettrone che orbiti attorno al nucleo atomico a un determinato livello energetico (vedere fig. 10.2). La lunghezza della circonferenza percorsa dall'elettrone vale notoriamente

$$L = 2\pi r. \qquad (10.7)$$

lunghezza d'onda

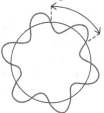

Fig. 10.2. Elettrone-onda che interferisce costruttivamente con se stesso

Ricordando la capacità di interferenza delle onde, si può immaginare che anche l'elettrone-onda che si muove lungo l'orbita circolare possa interferire con se stesso e che lo faccia in modo costruttivo esattamente quando la lunghezza L della circonferenza è un multiplo intero della lunghezza d'onda dell'elettrone, cioè se

$$2\pi r = n\lambda . \qquad (10.8)$$

Se sostituiamo la *lunghezza d'onda di de Broglie* ($\lambda = h/p$) nell'equazione (10.8), otteniamo la relazione

$$2\pi r = n\frac{h}{p} , \qquad (10.9)$$

che esprime la condizione che deve essere soddisfatta affinché un elettrone non si cancelli da sé in seguito all'interferenza distruttiva lungo la sua traiettoria, ma possa interferire costruttivamente con se stesso.

Se osserviamo bene la (10.9), notiamo che è sufficiente una piccola trasformazione (basta portare p e 2π dall'altra parte) per ritrovare nuovamente il 3° postulato di Bohr (cfr. (10.6)), cioè

$$pr = n\frac{h}{2\pi} , \qquad (10.10)$$

e poiché $h/(2\pi) = \hbar$ e $p = mv$, possiamo addirittura riottenere la "versione originale":

$$mv \cdot r = n\hbar . \qquad (10.11)$$

Questa derivazione informale del terzo postulato di Bohr voleva fornire una sorta di giustificazione del postulato stesso. Sappiamo infatti che i postulati sono affermazioni che si prendono per buone e dunque sono in sostanza ipotesi scelte arbitrariamente, per quanto ponderate e illuminanti. Ecco perché era necessaria questa piccola giustificazione attraverso l'onda materiale di de Broglie.

Che cos'è il raggio di Bohr?

Ora vogliamo vedere un po' più da vicino il modello atomico di Bohr che discende da questi tre postulati. Detto sinteticamente, sappiamo che gli elettroni possono ruotare attorno al nucleo solo in determinate orbite, con determinati valori del momento della quantità di moto. Sia il raggio dell'orbita che il momento della quantità di moto dell'elettrone sono quantizzati.

Tentiamo ora di applicare questo modello al più semplice degli elementi: l'idrogeno. Come è noto, l'atomo di idrogeno è formato da un solo protone, che costituisce il nucleo, e da un solo elettrone che gli ruota attorno. Ciascuna di queste particelle elementari è portatrice della carica elettrica elementare e, del valore di circa

$$e = 1{,}602 \cdot 10^{-19} \, C, \qquad (10.12)$$

avendo il protone carica $+e$ e l'elettrone $-e$.

Questo elettrone deve per prima cosa soddisfare la condizione di equilibrio (10.4) già incontrata nell'atomo di Rutherford, dunque deve valere

$$\frac{Q_1 Q_2}{4\pi\epsilon_0 \, r^2} = -\frac{mv^2}{r}, \qquad (10.13)$$

con $Q_1 = e$ e $Q_2 = -e$. La massa m che compare qui è naturalmente quella dell'elettrone, del valore di circa

$$m_e = 9{,}109 \cdot 10^{-31} \, kg. \qquad (10.14)$$

Moltiplicando l'equazione (10.13) per r^2 si ottiene

$$\frac{e^2}{4\pi\epsilon_0} = m_e v^2 \, r, \qquad (10.15)$$

che corrisponde al prodotto tra il momento della quantità di moto *L* e la velocità *v*. Se sostituiamo al secondo membro l'espressione per *L* data dal 3° postulato di Bohr, otteniamo

$$\frac{e^2}{4\pi\epsilon_0} = Lv = n\hbar v . \qquad (10.16)$$

Risolvendo la (10.16) rispetto alla velocità *v*, abbiamo

$$v = \frac{e^2}{4\pi\epsilon_0 \, n\hbar} , \qquad (10.17)$$

e da $\hbar = h/(2\pi)$ segue che

$$v = \frac{e^2}{2\epsilon_0 nh} . \qquad (10.18)$$

Sostituendo questa espressione per *v* nell'equazione (10.15), si ottiene finalmente la relazione

$$\frac{e^2}{4\pi\epsilon_0} = m_e \left(\frac{e^2}{2\epsilon_0 nh} \right)^2 r = r \, \frac{m_e e^4}{4\epsilon_0^2 n^2 h^2} , \qquad (10.19)$$

nella quale, in mezzo a tutte le costanti, una sola "vera" variabile ancora fa la sua comparsa: il raggio *r*. Semplificando $e^2/(4\pi\epsilon_0)$ ricaviamo l'espressione più semplice

$$1 = r \, \frac{m_e e^2 \pi}{\epsilon_0 \, n^2 h^2} , \qquad (10.20)$$

e isolando il raggio *r* si ha

$$r = \frac{\epsilon_0 \, n^2 h^2}{m_e e^2 \pi} . \qquad (10.21)$$

Da questa formula per il raggio *r* si vede che la distanza di un elettrone dal nucleo dipende soltanto dalla variabile quantizzata *n* = 1, 2, 3, ..., essendo tutte le altre grandezze che compaiono nell'equazione (10.21) delle costanti fisiche. Possiamo allora riscrivere la formula per il raggio *r*(*n*) nel modo più leggibile:

$$r(n) = n^2 \, \frac{\epsilon_0 h^2}{m_e e^2 \pi} . \qquad (10.22)$$

Se, per esempio, sostituiamo il valore $n_1 = 1$ nella (10.22), la più piccola distanza dell'elettrone dal nucleo nell'atomo di idrogeno ha un valore pari a

$$r_1 = \frac{8,854 \cdot 10^{-12} \text{ As/Vm} \cdot (6,626 \cdot 10^{-34} \text{ Js})^2}{9,109 \cdot 10^{-31} \text{ kg} \cdot (1,602 \cdot 10^{-19} \text{ C})^2 \pi} \approx 5,297 \cdot 10^{-11} \text{ m}.$$

$$(10.23)$$

Questa distanza minima dell'elettrone dal nucleo nell'atomo di idrogeno viene detta il *raggio di Bohr*. Confrontando l'ordine di grandezza del raggio di Bohr con i risultati sperimentali di Ernest Rutherford, secondo i quali l'atomo dovrebbe avere un diametro dell'ordine di grandezza di circa 10^{-10} m, si vede quanto il valore del raggio di Bohr, ricavato teoricamente, sia in accordo con i dati sperimentali.

Quali valori assume l'energia nei livelli energetici dell'atomo?

Già in precedenza, in questo capitolo, abbiamo usato come sinonimi i concetti di orbita dell'elettrone e di livello energetico. In questo modo vengono indicati gli stati stazionari nell'atomo di Bohr, le traiettorie, per così dire, lungo le quali gli elettroni possono muoversi senza emettere radiazione (vedere il 2° postulato di Bohr). Anche i valori dell'energia dei possibili livelli sono quantizzati e dipendono da una variabile discreta $n = 1, 2, 3, \ldots$ Nel seguito vogliamo proprio vedere come è possibile calcolare i valori di questi livelli energetici.

Ovviamente, l'energia totale di un elettrone in un determinato livello energetico è la somma della sua energia potenziale e della sua energia cinetica e dunque:

$$E_{\text{tot}} = E_{\text{pot}} + E_{\text{cin}}.$$

$$(10.24)$$

L'energia potenziale di un elettrone nell'atomo di idrogeno vale (essendo $E = F \cdot r$)

$$E_{\text{pot}} = -\frac{e^2}{4\pi \epsilon_0 \, r},$$

$$(10.25)$$

da cui, sostituendo a r l'espressione data dalla (10.21), otteniamo

$$E_{pot} = - \frac{e^2}{4\pi\epsilon_0 \, \frac{\epsilon_0 \, n^2 h^2}{m_e e^2 \pi}}, \qquad (10.26)$$

e, dopo aver semplificato, si ha

$$E_{pot} = - \frac{m_e e^4}{4\epsilon_0^2 \, n^2 h^2}. \qquad (10.27)$$

L'energia cinetica di un elettrone è data, di nuovo, dalla formula

$$E_{cin} = \frac{1}{2} m_e v^2, \qquad (10.28)$$

che, attraverso la (10.18), diventa

$$E_{cin} = \frac{1}{2} m_e \frac{e^4}{4\epsilon_0^2 \, n^2 h^2} = \frac{m_e e^4}{8\epsilon_0^2 \, n^2 h^2}. \qquad (10.29)$$

Sostituendo le equazioni (10.27) e (10.29) nella (10.24), otteniamo

$$E_{tot} = - \frac{m_e e^4}{4\epsilon_0^2 \, n^2 h^2} + \frac{m_e e^4}{8\epsilon_0^2 \, n^2 h^2} = - \frac{m_e e^4}{8\epsilon_0^2 \, n^2 h^2}, \qquad (10.30)$$

che, scritta in modo più leggibile, diventa

$$E_{tot}(n) = - \frac{1}{n^2} \frac{m_e e^4}{8\epsilon_0^2 \, h^2}, \qquad (10.31)$$

dove si riconosce magnificamente che anche il valore dell'energia nell'atomo dipende dalla variabile discreta $n = 1, 2, 3, \ldots$. In questo modo, attraverso l'equazione (10.31), è possibile calcolare l'energia dei livelli energetici ammissibili nell'atomo di Bohr.

Come avvengono l'assorbimento e l'emissione di fotoni?

Concentriamoci ancora una volta sul 2° postulato di Bohr, secondo il quale un elettrone può "saltare" da un livello energetico a un altro cedendo o ricevendo un quanto di energia. Il verbo "saltare" va qui messo davvero tra virgolette perché, secondo Bohr, gli elettroni non possono proprio stare *tra* un livello e l'altro. Essi non possono girovagare spostandosi con continuità tra i livelli, ma devono letteralmente sparire da un livello e, nello stesso istante, comparire nell'altro e tutto questo senza mai essere passati per qualche stato intermedio.

Se questo vi sembra strano, credetemi: non siete i soli al mondo a pensarlo. Il problema è che questo "salto da fantasmi" degli elettroni, come mi piace chiamarlo, in modo un po' informale, è l'unica possibilità che abbiamo per riunire tutti i dati sperimentali in un'unica teoria consistente, in grado di fornire previsioni corrette. E il fatto che nel microcosmo, non proprio di rado, siamo arrivati a cozzare contro i limiti dell'immaginazione, ormai non dovrebbe sorprenderci più di tanto.

Di conseguenza, finché non disponiamo di una migliore spiegazione o non si scopre un'inconsistenza nella teoria, dobbiamo ridurre il fenomeno del salto dell'elettrone da un livello all'altro a una semplice documentazione degli stati iniziale e finale. Poiché poi si tratta qui effettivamente di differenze di potenziale che non dipendono dal percorso fatto tra i due stati, una simile riduzione non dovrebbe crearci particolari difficoltà.

I processi dell'assorbimento e dell'emissione di un quanto di luce si basano sul salto di un elettrone nell'atomo da un livello a un altro, essendo proprio la differenza di energia tra gli stati iniziale e finale a venire emessa o assorbita come quanto di energia. Se, per esempio, un elettrone salta dal quarto livello energetico, con $n = 4$, al secondo, con $n = 2$, si libera, sotto forma di un fotone, un'energia pari a

$$E_{fotone} = E_4 - E_2$$
$$= -\frac{1}{4^2}\frac{m_e e^4}{8\epsilon_0^2 h^2} - \left(-\frac{1}{2^2}\frac{m_e e^4}{8\epsilon_0^2 h^2}\right). \tag{10.32}$$

Se, al contrario, un elettrone che si trova sul secondo livello energetico assorbisse un quanto di energia in arrivo del valore di E_{fotone}, dato dall'equazione (10.32), esso salterebbe dal livello energetico $n = 2$ al livello $n = 4$.

Più in generale, la differenza di energia tra due qualsiasi livelli m ed n può venir calcolata con la formula

$$\Delta E = E_m - E_n = -\frac{1}{m^2}\frac{m_e e^4}{8\epsilon_0^2 h^2} - \left(-\frac{1}{n^2}\frac{m_e e^4}{8\epsilon_0^2 h^2}\right)$$

$$= \frac{m_e e^4}{8\epsilon_0^2 h^2}\left(-\frac{1}{m^2}+\frac{1}{n^2}\right). \tag{10.33}$$

Dunque la fondamentale novità del modello atomico di Bohr era il fatto che nell'atomo regnasse la *quantizzazione*: la distanza degli elettroni dal nucleo, il loro momento della quantità di moto, i livelli energetici sui quali essi si muovevano, tutte queste grandezze erano discrete e comparivano soltanto in *multipli interi* di una quantità minima, il *quanto elementare* di ciascuna grandezza fisica.

Il modello atomico di Bohr è da considerare "giusto"?

A fianco delle fantastiche prestazioni offerte dal modello di Bohr, non bisogna naturalmente tacere il fatto che nemmeno con questo modello era stata detta l'ultima parola sulla struttura dell'atomo. Sebbene si trattasse del primo modello non solo in grado di spiegare la stabilità dell'atomo e la discontinuità dei processi di assorbimento ed emissione, ma capace anche di prevedere le dimensioni del diametro atomico e di fornire corrette informazioni circa l'energia di ionizzazione dell'atomo di idrogeno, alcune domande restavano tuttavia aperte.

Per esempio, con il modello atomico di Bohr si riescono a spiegare in modo soddisfacente soltanto l'atomo di idrogeno e pochi altri atomi a esso simili. Questa è una innegabile lacuna del modello.

Allo stesso modo, dal nostro attuale punto di vista, è chiaro che le orbite discrete semi-classiche postulate da Bohr non sono consistenti nell'ottica della meccanica quantistica, perché a un oggetto quantistico – e l'elettrone lo è a buon diritto – non può essere associata una traiettoria determinata. Il principio di indeterminazione di Heisenberg vieta esplicitamente che si possa parlare al contempo di un ben preciso raggio dell'orbita *r* e di una velocità *v* altrettanto ben determinata, cosa che invece il modello atomico di Bohr presuppone fin dall'inizio, come abbiamo potuto vedere.

E infine bisogna ammettere che se anche il modello atomico di Bohr permette di fare previsioni molto precise sull'atomo di idrogeno e dimostra di adattarsi molto bene a questo elemento, i postulati di Bohr, come per esempio quello che afferma che semplicemente ci sono stati stazionari sui quali gli elettroni possono muoversi senza emettere radiazione, non trovano alcun vero fondamento. Sono e rimangono *postulati*, e dunque, per definizione, ipotesi liberamente formulate e (più o meno arbitrariamente) stabilite.

Oggi sappiamo che il modello di Bohr può essere considerato solamente come una approssimazione semi-classica, nemmeno troppo buona, ai fatti fisici. Visto dall'attuale prospettiva, si tratta dunque di una ulteriore rappresentazione nella sequenza dei tanti modelli atomici che nel corso del tempo si sono avvicendati, spianando la strada alle odierne conoscenze.

Il merito particolare di questo modello fu comunque quello di aver ipotizzato, per la prima volta, una sorta di "condizione quantizzata" degli elettroni nell'atomo.

11
L'equazione di Schrödinger

Che differenza c'è tra la meccanica delle matrici e la meccanica ondulatoria?

La meccanica matriciale venne sviluppata nel 1925 da Werner Heisenberg e fu la prima teoria matematica formulata per descrivere il comportamento degli oggetti quantistici. Come è facile intuire dal nome, dal punto di vista matematico essa si basa sul *calcolo matriciale*. Per mezzo di questa teoria, per la prima volta, poterono essere eseguiti calcoli concreti su processi della fisica quantistica. Heisenberg sottolineò sempre l'aspetto peculiare della sua teoria e cioè il fatto che essa conteneva esclusivamente grandezze rilevabili e, soprattutto, misurabili, dette appunto le *osservabili*, e per Heisenberg questo aspetto era estremamente importante, perché secondo l'interpretazione della meccanica quantistica condivisa con Bohr, solamente alle grandezze misurabili poteva essere attribuito un qualche valore di realtà.

Praticamente negli stessi anni e precisamente nel 1926, il fisico austriaco Erwin Schrödinger (1887–1961), indipendentemente da Heisenberg, elaborò una descrizione matematica del tutto originale dei processi del microcosmo, la cosiddetta *meccanica ondulatoria*, che non si basava sulle matrici, ma su un equivalente quantistico dell'equazione delle onde dalla teoria ondulatoria. In questo egli si ricollegò in parte al modello atomico semi-classico di Bohr, pensando agli elettroni nell'atomo come orbitanti lungo traiettorie stazionarie. Questi stati stazionari degli elettroni dovevano dipendere ancora una volta dal fatto che gli elettroni, visti come onde di de Broglie, si trovassero in determinati stati oscillatori. Anche questa impostazione di Schrödinger si rivelò assolutamente promettente e utile.

Inizialmente, queste due teorie concorrenti, nate praticamente insieme, si svilupparono in completa indipendenza l'una dall'altra, fornendo tutte e due eccellenti previsioni. Tuttavia, nello stesso 1926, Schrödinger fu in grado di dimostrare che la sua meccanica ondulatoria e la meccanica matriciale di Heisenberg, dal punto di vista matematico erano perfettamente equivalenti e questo nonostante fossero nate nel contesto di visioni del mondo del tutto diverse e avessero differenti presupposti teorici.

Heisenberg vedeva la propria teoria costruita sulle osservabili come pura matematica per il calcolo di probabilità, adottando cioè un punto di vista sostanzialmente neo-positivistico, visto che non considerava in alcun modo reali, grandezze che in meccanica quantistica non erano state misurate (o che non erano misurabili a priori).

Il punto di vista di Schrödinger, al contrario, era improntato a un certo realismo. Egli ammetteva in partenza l'effettiva realtà delle onde matematiche e delle oscillazioni degli elettroni nell'atomo. Le sue descrizioni matematiche dovevano rispecchiare la realtà oggettiva del microcosmo e non rimanere un semplice formalismo, come voleva invece Heisenberg (nei prossimi capitoli, saremo costretti a toccare con mano come questa interpretazione, sulle prime forse più confortante e rassicurante, porti tuttavia facilmente a paradossi).

È così ancora più sorprendente il fatto che questi due modelli matematici, fondamentalmente diversi tra loro, siano alla fine assolutamente equivalenti. Entrambi descrivono l'evoluzione temporale dello stato di un sistema quantistico inosservato[1]. È solo dal punto di vista dei presupposti teorici che essi differiscono in modo così drastico. Può allora apparire strano che, normalmente, si preferiscano i calcoli fatti con la meccanica ondulatoria a quelli fatti con la meccanica matriciale di Heisenberg. Il motivo di questo dipende dalla maggiore semplicità della teoria di Schrödinger rispetto a quella di Heisenberg, ragion per cui anche noi ci occupe-

---

[1] Inosservato perché, come già sappiamo, secondo l'interpretazione di Copenaghen, attraverso il processo di misurazione, la funzione d'onda viene cambiata con discontinuità, provocandone il collasso (vedere il cap. 8).

remo qui esclusivamente dell'*equazione di Schrödinger* e non delle modalità di calcolo di Heisenberg.

Dopo aver ricavato, fin qui, una prima impressione qualitativa sullo strano mondo degli oggetti quantistici, è arrivato ormai il momento di cimentarci un po' con la descrizione quantitativa delle particelle dotate di massa. Per questo il nostro tema sarà adesso proprio la *funzione d'onda* Ψ, che ci è capitato spesso di incontrare lungo il nostro cammino, e la sua comparsa nella già menzionata *equazione di Schrödinger*.

Senza alcun dubbio, questo sarà uno dei capitoli più impegnativi del libro, ma in fondo si tratta qui niente meno che della celebre equazione di Schrödinger in persona. Nonostante sia una equazione differenziale alle derivate parziali e la conoscenza delle regole del calcolo differenziale sia un presupposto indispensabile per una sua discussione approfondita, non voglio comunque rinunciare a dedicare almeno un capitolo a questa importantissima equazione[2].

Quale significato si attribuisce alla funzione d'onda?

Prima comunque di addentrarci nella matematica, dobbiamo parlare ancora un poco degli ingredienti che compongono questa importantissima e centrale equazione.

Come abbiamo già avuto modo di dire, l'equazione di Schrödinger è un'equazione differenziale e contiene la *funzione d'onda* che ne è la soluzione. Originalmente, l'idea della funzione d'onda risale alla teoria di de Broglie, secondo la quale anche alla materia in movimento può essere associata una lunghezza d'onda, la lunghezza d'onda di de Broglie, appunto. La funzione d'onda da lui postulata per descrivere l'onda materiale è da intendere come la soluzione dell'equazione di Schrödinger.

Abbiamo già avuto a che fare con questa funzione d'onda, anche se finora forse in modo inconsapevole, perché essa, nel contesto della fisica quantistica, è sinonimo di *ampiezza di probabilità*.

Certamente vi ricorderete dell'esperimento della doppia fen-

---

[2] Il lettore che non fosse a conoscenza delle tecniche matematiche del calcolo differenziale può senz'altro saltare la parte di questo capitolo relativa alla derivazione dell'equazione.

ditura con gli elettroni esposto nel capitolo 5 e del calcolo che facemmo allora della distribuzione della probabilità di arrivo degli elettroni sulla lastra, definendo una ampiezza di probabilità *a* degli elettroni per spiegare la figura di interferenza ottenuta. Ebbene, questa ampiezza di probabilità non viene normalmente indicata con *a*, ma con la lettera greca Ψ ed è proprio quella funzione d'onda di cui non facciamo altro che parlare da un po' di tempo a questa parte. In meccanica quantistica, il concetto di ampiezza, o di ampiezza di probabilità, è dunque equivalente a quello di funzione d'onda. Spesso la funzione d'onda Ψ è anche chiamata *funzione di stato* dell'oggetto quantistico da essa descritto.

Ricordiamo inoltre il fatto che, secondo l'interpretazione probabilistica di Max Born, il quadrato del modulo della funzione d'onda $|\Psi(x;t)|^2$ di una particella fornisce la probabilità che la particella si trovi nel luogo *x* all'istante *t* (vedere la formula (5.5)). Tuttavia, per poter calcolare questa probabilità occorre conoscere la funzione d'onda $\Psi(x;t)$ e per questo bisogna, volenti o nolenti, risolvere l'equazione di Schrödinger, visto che la funzione soluzione di questa equazione è proprio la funzione d'onda $\Psi(x;t)$. In questa sede non pretendiamo certo di occuparci del problema della soluzione dell'equazione differenziale, tuttavia vogliamo tentare di capire un po' più da vicino la sua costruzione e prendere così confidenza con questa straordinaria equazione.

Infine sia detto ancora una volta che, secondo la teoria di Born, la funzione d'onda $\Psi(x;t)$, pur portando questo nome, non è da intendere veramente come una funzione associata a una *reale* onda *meccanica*, del tipo di quelle che si incontrano abitualmente nella teoria classica. Il concetto di funzione d'onda venne introdotto in questo contesto soltanto in virtù della sua *analogia formale* con la funzione d'onda della meccanica classica. Allo stesso modo, l'equazione di Schrödinger, contrariamente a come spesso la si definisce, non è un'equazione delle onde nel senso della meccanica classica, ma va intesa solo come una sorta di suo analogo quantistico.

Non va tuttavia taciuto il fatto che oggi questa tradizionale spiegazione quantistica della funzione d'onda non incontra più il favore di una significativa parte della comunità dei fisici. Effettivamente si pone molto più a monte la domanda se Ψ rappresenti solo in un senso puramente epistemologico e pragmatico la conoscenza sullo stato di un oggetto quantistico o se invece sia davvero possibile una sua interpretazione realistica esente da contraddizioni.

Riguardo questo punto controverso nel dibattito sull'odierna interpretazione della funzione d'onda, vorrei citare i fisici Erich Joos e Claus Kiefer, riportando questo loro interessante passo:

Se ci sia o meno un reale «collasso» dinamico dello stato totale in una sua determinata componente [...] è una questione al momento non decisa. Siccome probabilmente non si potrà deciderlo sperimentalmente nel prossimo futuro, l'argomento è stato dichiarato una «questione di gusti»[3].

Stando così le cose, non sarà possibile, in tempi ragionevoli, effettuare una scelta su base sperimentale tra la natura "reale" o "puramente matematica" della funzione d'onda. Dunque la visione positivistica di Heisenberg e Bohr, a questo riguardo, non potrà essere né confermata, né contraddetta.

Ciononostante, alla luce di diverse e gravi incoerenze che la vecchia interpretazione di Copenaghen porta irrimediabilmente con sé, rimanere ancorati alle vecchie posizioni, evidentemente obsolete, sembra abbastanza privo di senso[4].

Come si ricava l'equazione di Schrödinger?

Diciamo subito, suscitando forse la vostra delusione, che questa meravigliosa equazione non si lascia dedurre fisicamente, nel vero senso della parola. Il fisico Richard Feynman (1918–1988), con la sua solita eloquenza, disse una volta in proposito:

Da dove si ricava questa equazione? Da nessuna parte. È impossibile dedurla da qualcosa di già noto. È uscita fuori dalla testa di Schrödinger.[5]

[3] "Whether there is a real dynamical «collapse» of the total state into one definite component or not [...] is at present an undecided question. Since this may not experimentally be decided in the near future, it has been declared a «matter of taste»." C. Kiefer, E. Joos: Decoherence: Concepts and Examples. In: P. Blanchard, Arkadiusz Jadczyk Quantum Future: From Como to the Present and Beyond (Springer Berlin Heidelberg New York 1999).

[4] Per saperne di più, vedere L. Marchildon: Why should we interpret Quantum Mechanics? Found. Phys. **34**, 11 (2004), oppure di H.D. Zeh: The Wave Function: It or Bit? in: J. Barrow, P. Davies et al. (Hrsg) Science and Ultimate Reality (Cambridge University Press, 2002); arXiv: quant-ph/0204088 v2 (2002).

[5] T. Hey, P. Walter: Das Quantenuniversum (Spektrum, 1998); p. 51.

Va bene. Adesso però vogliamo comunque tentare di derivarla, questa equazione, anche se soltanto dal punto di vista matematico. Sottolineiamo con chiarezza il fatto che la presente "derivazione" non costituisce una sorta di ricetta standard per la quale l'equazione di Schrödinger rappresenta il prodotto finale. È comunque un fatto incontestabile che, esattamente come accadeva per le equazioni elementari della meccanica newtoniana, non sia possibile dedurre questa equazione da qualcosa che fisicamente la preceda in quanto *essa stessa* è l'equazione fondamentale alla base della meccanica quantistica.

La derivazione che segue vuole dunque essere piuttosto una sorta di giustificazione di plausibilità e se anche in certi punti questa prima analisi potrà apparirci complicata, si tratterà per noi solo di cogliere almeno un poco i nessi generali. Nel seguito dedurremo l'equazione di Schrödinger non relativistica, che è particolarmente semplice, anche se può essere applicata solo al caso di particelle aventi velocità v ridotte.

Consideriamo per prima cosa una particella di massa m e velocità v. Questa particella va inizialmente pensata libera di muoversi, senza un campo esterno di forze che la condizioni. La sua energia totale E_{tot} (tralasciando la quota mc^2 dovuta alla sua massa a riposo m) coincide con l'energia cinetica:

$$E_{cin} = \frac{1}{2}mv^2 , \tag{11.1}$$

che, essendo $p^2 = m^2v^2$, può essere riformulata anche come

$$E_{tot} = \frac{1}{2}mv^2 = \frac{1}{2}\frac{p^2}{m} . \tag{11.2}$$

Conosciamo già l'espressione $p = h/\lambda$ per la quantità di moto di un oggetto quantistico, che si ottiene dall'equazione della lunghezza d'onda di de Broglie. Nuova è invece per noi la formulazione della quantità di moto attraverso il *numero d'onda k*, che è definito come

$$k = \frac{2\pi}{\lambda} \tag{11.3}$$

e porta alla seguente espressione per la quantità di moto:

$$p = \frac{kh}{2\pi} = k\hbar . \tag{11.4}$$

Di conseguenza otteniamo la seguente espressione per l'energia della particella, che inoltre può anche essere scritta come $\hbar\omega$ (vedere il cap. 2):

$$E_{tot} = \frac{k^2\hbar^2}{2m} = \hbar\omega. \qquad (11.5)$$

E ora veniamo alla parte più scottante della derivazione, quella che – bisogna ammetterlo – matematicamente non è difficile da seguire, ma dal punto di vista fisico appare per il momento molto "creativa" e arbitraria.

Sia allora data per prima cosa la *funzione d'onda* $\Psi(x;t)$, che può anche essere indicata come l'*onda di de Broglie*. Nell'ipotesi che non ci sia un potenziale esterno (cioè $V(x;t) = 0$), essa possiede la forma

$$\Psi(x;t) = e^{i(kx-\omega t)}, \qquad (11.6)$$

dove i esprime l'unità immaginaria, ossia $i = \sqrt{-1}$. La derivata parziale di Ψ fatta rispetto al tempo t fornisce

$$\frac{\partial \Psi(x;t)}{\partial t} = -i\,\omega \cdot e^{i(kx-\omega t)} \qquad (11.7)$$

e derivando la (11.6) due volte rispetto a x si ottiene

$$\frac{\partial^2 \Psi(x;t)}{\partial x^2} = i^2 k^2 \cdot e^{i(kx-\omega t)}. \qquad (11.8)$$

Avremo bisogno presto delle espressioni di queste due derivate parziali.

A questo punto, per motivi che saranno più chiari in seguito, vogliamo moltiplicare entrambi i membri dell'equazione (11.5) per la quantità $-i^2\, e^{i(kx-\omega t)}$, in modo da avere

$$-i^2 \cdot \hbar\omega\, e^{i(kx-\omega t)} = -i^2\, \frac{k^2\hbar^2}{2m}\, e^{i(kx-\omega t)}. \qquad (11.9)$$

Sorprendentemente, risistemando i termini nella (11.9), è possibile ritrovare le derivate parziali calcolate alle (11.7) e (11.8):

$$-\frac{\hbar^2}{2m}\underbrace{i^2 k^2\, e^{i(kx-\omega t)}}_{\frac{\partial^2 \Psi(x;t)}{\partial x^2}} = i\hbar\underbrace{(-i)\omega\, e^{i(kx-\omega t)}}_{\frac{\partial \Psi(x;t)}{\partial t}}. \qquad (11.10)$$

In questo modo, possiamo esprimere la (11.9) in termini della funzione d'onda $\Psi(x;t)$ e delle sue derivate parziali, ottenendo

$$- \frac{\hbar^2}{2m} \frac{\partial^2 \Psi(x;t)}{\partial x^2} = i\hbar \frac{\partial \Psi(x;t)}{\partial t}. \qquad (11.11)$$

Siamo così riusciti già a scrivere l'equazione di Schrödinger nel caso di una particella che si muova senza la presenza di un campo di forze esterno (cioè nell'ipotesi che $V(x;t) = 0$). Per portare questa specialissima equazione in una forma più generale (cioè con $V(x;t) \neq 0$), Schrödinger, in un secondo momento, aggiunse l'energia potenziale della particella alla sua energia cinetica, ammettendo che la particella potesse trovarsi immersa in un potenziale (qualsiasi esso fosse) e scrivendo l'equazione (11.2) nella forma

$$E_{tot} = \frac{1}{2} \frac{p^2}{m} + V(x;t). \qquad (11.12)$$

In seguito Schrödinger, tentando di spingere le analogie più in profondità, propose la seguente formula per la generalizzazione dell'equazione (11.11):

$$- \frac{\hbar^2}{2m} \frac{\partial^2 \Psi(x;t)}{\partial x^2} + V(x;t)\Psi(x;t) = i\hbar \frac{\partial \Psi(x;t)}{\partial t}, \qquad (11.13)$$

dove $\Psi(x;t)$ rappresenta adesso la funzione d'onda *generale* e non più la semplice onda di de Broglie data dalla (11.6). Questa equazione vale ora nel caso generale di una particella in un qualunque campo di potenziale $V(x;t)$. Siccome qui la funzione d'onda Ψ è considerata dipendente dal tempo, l'equazione (11.13) viene anche detta *equazione di Schrödinger dipendente dal tempo*.

È interessante come questa equazione, che negli anni successivi – e addirittura ancora fino ai nostri giorni – si sarebbe rivelata di inestimabile utilità, fosse stata costruita da Schrödinger più come il risultato di un geniale processo "a rate" che non come il frutto di una derivazione fisica.

Per semplificare i calcoli, abbiamo scelto di considerare all'inizio il caso spaziale monodimensionale e così, in questa versione semplificata dell'equazione di Schrödinger, la funzione Ψ e le sue derivate dipendono soltanto dalla variabile x. La funzione d'onda tridimensionale, invece, dipende anche da y e z e dunque, nell'equazione (11.8), Ψ va derivata due volte non solo rispetto a x, ma anche rispetto a *y* e *z*, cosa che si esprime brevemente con l'operatore di Laplace, o *laplaciano*:

$$\nabla^2 = \frac{\partial^2}{\partial x^2} + \frac{\partial^2}{\partial y^2} + \frac{\partial^2}{\partial z^2}. \qquad (11.14)$$

Se adesso, per semplicità, adottiamo le abbreviazioni $\Psi(x; y; z; t) = \Psi(r; t)$ e $V(x; y; z; t;) = V(r; t)$, l'*equazione di Schrödinger tridimensionale dipendente dal tempo* diviene finalmente

$$-\frac{\hbar^2}{2m} \nabla^2 \Psi(r; t) + V(r; t)\, \Psi(r; t) = i\hbar\, \frac{\partial \Psi(r; t)}{\partial t}. \qquad (11.15)$$

A scanso di equivoci, va detto in proposito che soltanto in pochi casi eccezionali la funzione d'onda Ψ "abita" davvero nello spazio tridimensionale. In generale essa è definita nello *spazio delle configurazioni*: uno spazio matematico astratto a molte dimensioni che descrive tutti i possibili stati classici di un oggetto quantistico.

In meccanica quantistica, l'espressione $i\hbar\, \partial/\partial t$, che determina l'evoluzione temporale della funzione d'onda della particella, viene detta *operatore di Hamilton* $\widehat{H}$. Dal punto di vista strettamente matematico, essa prescrive semplicemente una particolare ricetta di calcolo, tuttavia, in fisica quantistica questa espressione assume un'importanza fondamentale. Con queste convenzioni, possiamo scrivere l'equazione di Schrödinger tridimensionale indipendente dal tempo nella forma più breve possibile:

$$E\Psi = \widehat{H}\Psi. \qquad (11.16)$$

Così è molto più carina, no?

Che cosa si calcola con l'equazione di Schrödinger?

Dopo il successo conseguito nel ricavare l'equazione di Schrödinger, poniamoci ora la domanda su che cosa ce ne facciamo. Ebbene, lo scopo del calcolo con questa equazione è sempre quello di fornire lo stato di un oggetto quantistico, cioè trovare la funzione d'onda che descrive il sistema quantistico che si sta considerando. Una delle opportunità che ci offre l'equazione di Schrödinger è la formulazione del cosiddetto *modello atomico della meccanica ondulatoria,* che vogliamo trattare nel paragrafo seguente. Sostanzialmente, questo modello si basa sulla considerazione degli stati degli elettroni attorno al nucleo, stati che si possono calcolare proprio con l'equazione di Schrödinger.

Ma come si estrapola lo stato di un oggetto quantistico dall'equazione di Schrödinger? Be', per prima cosa deve essere calcolata la *funzione d'onda* $\Psi(r;t)$ del sistema quantistico, dipendente dal tempo e dallo spazio, e lo si fa risolvendo l'equazione – cosa che, naturalmente, è più facile a dirsi che a farsi. Dopodiché, in linea con *l'interpretazione probabilistica di Born,* il quadrato del valore assoluto della funzione d'onda restituisce la probabilità $P(r;t)$ di trovare l'oggetto quantistico in r al tempo t, ossia, detto in formule:

$$P(r;t) = |\Psi(r;t)|^2 . \tag{11.17}$$

Nei casi *stazionari,* cioè quando il sistema non cambia nel tempo, si può poi partire da una funzione d'onda $\Psi(r)$ dipendente esclusivamente dallo spazio, cosa che ci consente di semplificare enormemente i calcoli successivi. Per la distribuzione di probabilità otteniamo, di conseguenza

$$P(r) = |\Psi(r)|^2 . \tag{11.18}$$

A questo punto ci si potrebbe chiedere perché si debba proprio elevare al quadrato il *modulo* della funzione d'onda, visto che eventuali segni negativi verrebbero comunque eliminati dal quadrato. Ciò dipende tuttavia dal fatto che, se ricordiamo, la funzione d'onda contiene il numero complesso i $= \sqrt{-1}$ e può assumere dunque anche valori complessi. Si può riscrivere il quadrato del modulo di Ψ anche attraverso l'espressione equivalente

$$|\Psi|^2 = \Psi \cdot \Psi^* , \tag{11.19}$$

che significa che $|\Psi|^2$ è dato dal prodotto della funzione d'onda originale moltiplicata per il complesso coniugato della funzione stessa Ψ^*, a sua volta ottenuto sostituendo in Ψ ogni i con un $-$i. Il modulo ci assicura dunque che la probabilità finale sia sempre un numero reale.

Siccome non abbiamo imposto alcuna limitazione sulla funzione Ψ, la quantità $|\Psi(r)|^2$ potrebbe a priori assumere valori reali qualsiasi, non necessariamente compresi tra 0 e 1, come invece deve essere, quando si tratta di numeri che esprimono probabilità. In effetti, abbiamo finora tralasciato l'esistenza di un *fattore di normalizzazione N* (che non deve necessariamente fare già parte della funzione d'onda) nel caso in cui il valore massimo di $|\Psi(r)|^2$ non sia già 1. Il valore del fattore si può ottenere dalla *condizione di normalizzazione*

$$N^2 \int_{-\infty}^{+\infty} |\Psi(r)|^2 \, dr = 1 \qquad (11.20)$$

e vale dunque:

$$N = \frac{1}{\sqrt{\int_{-\infty}^{+\infty} |\Psi(r)|^2 \, dr}}. \qquad (11.21)$$

Se indichiamo con $\Psi(r)_N$ la funzione d'onda normalizzata data da $\Psi(r)_N{}^2 = N^2 |\Psi(r)|^2$, l'espressione corretta per la distribuzione di probabilità diventa

$$P(r) = |\Psi(r)_N|^2. \qquad (11.22)$$

Quali ripercussioni ebbe l'equazione di Schrödinger sul modello atomico?

Tra i più importanti successi dell'equazione di Schrödinger bisogna annoverare le affermazioni che se ne deducono circa la struttura dell'atomo. Grazie a essa, infatti, poté venire sviluppato un nuovo e migliore modello atomico, detto appunto *modello della meccanica ondulatoria* e che possiamo presentare nel seguente modo.

Le soluzioni dell'equazione di Schrödinger per gli elettroni nell'atomo forniscono onde stazionarie. Ogni soluzione Ψ è indipendente dal tempo, rientrando l'atomo nel caso stazionario precedentemente considerato, e corrisponde a un possibile stato energetico discreto dell'elettrone. L'interpretazione fisica di queste funzioni d'onda viene allora a essere quella di *orbitali* dell'elettrone.

Per maggior chiarezza, e in linea con la consueta interpretazione probabilistica di Born, nel modello atomico della meccanica ondulatoria si parla di regioni dello spazio con una data probabilità di permanenza, ossia "zone" in cui l'oggetto quantistico (per

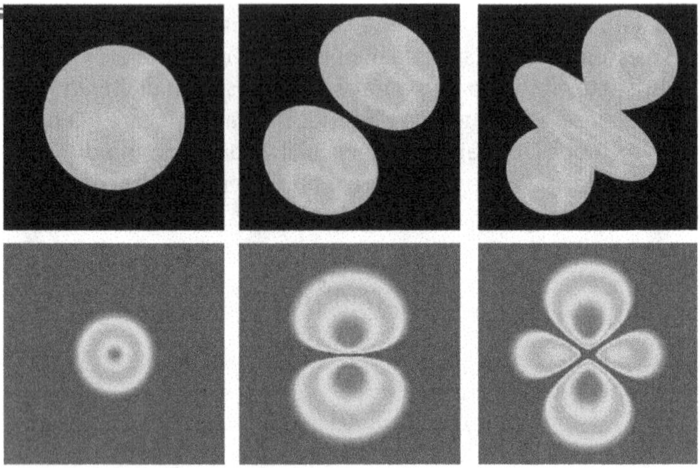

Fig. 11.1. Rappresentazione di alcuni orbitali esemplari dell'elettrone nell'atomo di idrogeno (sopra tridimensionale, sotto "in sezione")

noi l'elettrone) può trovarsi con una probabilità, per esempio, del 90% e che possono di fatto assumere forme anche piuttosto astruse, rappresentando dunque un concetto considerevolmente più sottile delle stesse orbite di Bohr.

In figura 11.1 vengono mostrati alcuni esempi di orbitali degli elettroni nel semplice caso di un singolo atomo di idrogeno. Le simulazioni illustrano, in due differenti modalità di rappresentazione grafica, le "nuvole di carica" nelle quali l'elettrone dell'atomo di idrogeno può trovarsi con una probabilità del 90%. Nella parte superiore della figura, la forma e la struttura di questi orbitali vengono rappresentate attraverso involucri tridimensionali (all'interno dei quali l'elettrone si trova col 90% di probabilità), mentre nella riga inferiore la distribuzione della *densità di probabilità* dell'elettrone viene resa attraverso la speciale colorazione "in sezione" dell'orbitale stesso (il rosso corrisponde a valori alti di densità di probabilità, il blu a valori bassi).

Questi orbitali derivano dall'interpretazione fisica delle soluzioni matematiche dell'equazione di Schrödinger. In questo modo, grazie all'applicazione dell'equazione di Schrödinger, si perviene a un'immagine dell'atomo molto più dettagliata e autentica di quanto non fosse in grado di darci il vecchio e ormai inadeguato modello di Bohr.

E sebbene l'equazione di Schrödinger originale possa essere applicata soltanto ai casi non relativistici, cioè quando le velocità degli oggetti quantistici sono piccole rispetto alla velocità della luce, ed esclusivamente a particelle senza spin, vale a dire particelle prive dell'equivalente quantistico del momento della quantità di moto, nonostante queste limitazioni, insomma, essa è rimasta probabilmente la più importante equazione di tutta la meccanica quantistica.

12

Il gatto di Schrödinger

Di che cosa si tratta quando si parla del gatto di Schrödinger?

Durante la discussione dell'equazione di Schrödinger, abbiamo potuto constatare quanto precisa e in linea con le verifiche sperimentali sia la descrizione del *microcosmo* che l'apparato matematico della meccanica quantistica è in grado di fornire. Tutti gli esperimenti che abbiamo considerato fin qui e tutti i fenomeni con i quali ci siamo confrontati si possono spiegare perfettamente con la teoria quantistica. A dispetto dei suoi oppositori, si tratta senza dubbio della migliore teoria di cui fino ad oggi disponiamo per la descrizione degli oggetti microscopici.

Tuttavia, essa evidentemente non funziona nel *macrocosmo*, ossia nel nostro ambiente abituale, corrispondente a un ordine di grandezza di circa 10^{-1} m. È vero che noi, oggetti macroscopici, siamo in grado di ottenere sempre migliori conoscenze sui meccanismi che regolano il comportamento degli oggetti quantistici, ma è innegabile che un simile comportamento non è trasferibile a livello macroscopico. Dopo tutto quello che abbiamo visto fin qui, possiamo tranquillamente affermare che la meccanica di un elettrone è decisamente diversa da quella di un pallone da calcio. Dal punto di vista della meccanica quantistica, infatti, è assolutamente normale e perfino necessario pensare che un elettrone possa trovarsi contemporaneamente in più posti diversi. Domandate invece a un calciatore, per esempio, quand'è stata l'ultima volta che ha visto, nello stesso istante, il suo pallone in più punti del campo!

Oppure chiedetevi quando vi è riuscito di avere finalmente il dono dell'ubiquità. Naturalmente mai!!! Forse state pensando che il motivo è che voi, evidentemente, non siete oggetti quantistici. Ma allora, quand'è che un oggetto può essere considerato un *oggetto quantistico*? A partire da quale momento un oggetto va ancora inteso nel senso classico, senza la possibilità di sovrapposizione di stati diversi e quando invece comincia a essere un oggetto quantistico? Dove si trova il confine tra microcosmo e macrocosmo? Ricorderete senz'altro la prima volta che ci siamo posti queste domande, all'inizio del libro. A quel punto, tuttavia, non eravamo ancora capaci di dare una risposta. Come è immaginabile, non siamo certo i primi che si confrontano con questo problema del passaggio dalla descrizione fisica dei processi nel microcosmo alla descrizione dei processi nel macrocosmo. Erwin Schrödinger fu tra i fisici che si occuparono di questo fondamentale problema e ne discusse anche nel suo famoso lavoro *La situazione attuale nella meccanica quantistica*[1] del 1935. L'esperimento mentale del paradosso del gatto, da lui escogitato e noto come *il gatto di Schrödinger*, doveva servire a mettere in luce un punto debole nell'interpretazione di Copenaghen della meccanica quantistica, riguardo al concetto di *realtà fisica*. Schrödinger, nonostante il suo grandioso contributo alla meccanica quantistica con la formulazione dell'equazione che porta il suo nome, non si può dire che fosse entusiasta dell'interpretazione, pur largamente accettata, che Bohr dà della teoria e lo si riconosce chiaramente dalla seguente citazione, riferita appunto alla teoria quantistica:

Non mi piace e mi dispiace di avervi una volta avuto a che fare.[2]

Immaginare che oggetti macroscopici come i palloni da calcio fossero capaci di sovrapposizione o che potessero dar luogo a interferenza al passaggio attraverso un muro con due fenditure, era, anche per Schrödinger, qualcosa di completamente assurdo. Per la

---

[1] *"Die gegenwärtige Situation in der Quantenmechanik"*, pubblicato originalmente in *Die Naturwissenschaften* **23**, 48 (1935); una tr. ital. a cura di S. Antoci è reperibile al sito: http://ipparco.roma1.infn.it/pagine/deposito/archivio/schroedinger.html.
[2] *"Ich mag sie nicht, und es tut mir leid, dass ich jemals etwas mit ihr zu tun hatte."* J. Gribbin: *Auf der Suche nach Schrödingers Katze* (Piper, 2001), p. 5.

precisione, Schrödinger non si cimentò mentalmente con palloni, ma scelse un altro "oggetto macroscopico": l'amatissimo gatto.

Prima di cominciare a parlare di questo "esperimento", vorrei però sottolineare ancora una volta che quello del *gatto di Schrödinger* è un *puro esperimento mentale* e non un esperimento reale, veramente eseguito. Questo è un particolare molto importante, perché in nessun momento vorrei dare l'impressione che un fisico possa essere capace di torcere anche solo un capello a un animale. E il naturalista Erwin Schrödinger, che così tanto amava le camminate e le escursioni in montagna e al cui nome è legato questo esperimento teorico, mai avrebbe potuto pensare, anche soltanto per un istante, di eseguirlo veramente. Vi prego perciò espressamente di tenere sempre in mente questo fatto nel corso dell'intera discussione che seguirà.

In che cosa consiste l'esperimento mentale del gatto di Schrödinger?

Veniamo dunque alla costruzione di questo esperimento, tanto teorico e ipotetico quanto macabro (vedere fig. 12.1). In un reci-

Fig. 12.1. L'apparato sperimentale immaginario del paradosso del gatto di Schrödinger

piente perfettamente sigillato, al riparo da qualunque influenza esterna, è rinchiuso un gatto, assieme a un preparato radioattivo, un contatore Geiger, un martello e una boccetta di cianuro. Tutti questi oggetti sono legati l'uno all'altro da uno speciale meccanismo di causa ed effetto e il risultato finale è una macchina infernale così concepita: quando il preparato radioattivo – che per semplicità assumeremo essere costituito da un unico atomo radioattivo – decade, il contatore Geiger rileva il decadimento e aziona il martello che rompe la boccetta di cianuro, liberando i vapori venefici che uccidono il gatto. Se l'atomo radioattivo non decade, il processo non viene innescato: il martello rimane al suo posto, la boccetta è intatta e il gatto è vivo.

In sostanza, le cose stanno così: se l'atomo decade, il gatto muore, se l'atomo non decade, il gatto sopravvive. Fin qua l'esperimento sembra davvero semplice.

Che c'è di paradossale in tutto ciò?

Il punto cruciale della questione del gatto di Schrödinger può anche sfuggire a un primo sguardo: il paradosso si annida diabolicamente nei dettagli. Ricominciamo dunque da capo, procedendo con molta attenzione.

L'atomo radioattivo è certamente un oggetto quantistico e possiamo scommettere che si comporterà come tale. Le equazioni della meccanica quantistica ci dicono allora che, finché lo lasciamo in pace, esso si troverà in un certo stato $\Psi(r;t)$. Forse le parole "in un certo stato" sono fuorvianti in questo contesto, perché di certo non si tratta di una condizione concreta e univocamente determinata nel senso classico. Lo stato dell'atomo, infatti, risulta piuttosto dalla sovrapposizione di molteplici stati diversi. Si parla proprio di *sovrapposizione* di *stati singoli* dell'oggetto quantistico, e soltanto questi singoli stati possono essere interpretati in senso classico come stati diversi, ben distinti tra loro (come per esempio "vivo" o "morto"). Il più delle volte, simili stati quantistici, nei quali gli oggetti del microcosmo vengono a trovarsi, rappresentano la sovrapposizione di parecchi – spesso infiniti – stati singoli; e questa è decisamente un'evenienza nella quale non capita spesso di imbattersi nel nostro mondo macroscopico.

A questo punto però, può esserci di aiuto quello che abbiamo imparato nei capitoli 4 e 5, quando abbiamo tentato di ricondurre la figura di interferenza dell'esperimento della doppia fenditura alla sovrapposizione delle singole figure ottenute all'apertura di una sola fenditura. I singoli fotoni o elettroni che interferiscono, non si trovano, al passaggio nella doppia fenditura, in un unico singolo stato (passare per l'una o passare per l'altra fessura), ma si trovano in uno stato di sovrapposizione di entrambi gli stati possibili. Una particella che attraversa la doppia fenditura si trova cioè in una condizione del tipo: "con una certa probabilità ha attraversato la fenditura 1" e "con una certa altra probabilità ha attraversato la fenditura 2", che è la sovrapposizione dei due diversi stati singoli.

Lo stato dell'atomo radioattivo va inteso allo stesso modo: non si tratta semplicemente di decidere se il decadimento è già avvenuto o ancora deve avvenire, ma la situazione è piuttosto quella di una sovrapposizione *simultanea* delle due alternative. Tuttavia, questo "stato misto" è ben determinato, perché le varie percentuali della "miscela" di stati (decaduto e non decaduto) evolve nel tempo in completo accordo con i valori forniti dalla funzione di stato $\Psi(r;t)$ associata all'atomo. Lo stato della particella, dal punto di vista Ψ della meccanica quantistica, pur essendo la sovrapposizione di molteplici stati diversi tra loro, è comunque ben determinato e calcolabile attraverso l'equazione di Schrödinger.

Come si rappresenta, in meccanica quantistica, la sovrapposizione di stati di una particella?

Se vogliamo addentrarci nella matematica che sta dietro al paradosso del gatto di Schrödinger, dobbiamo introdurre a questo punto una notazione che risulterà nuova per noi, ma che è molto amata in meccanica quantistica. Si tratta della *notazione di Dirac* [3]. Paul Dirac (1902–1984), colui al quale questa modalità di scrittura risale, era, assieme a Schrödinger e Heisenberg, uno dei fisici del suo tempo più versati in meccanica quantistica. Presumibilmente, la scrittura con parentesi sviluppata da lui nacque sulla scorta della comune notazione della freccia usata per indicare i vettori, che permette di rappresentare immediatamente direzione, verso

---

[3] Anche se all'inizio vi sembrerà astrusa, non gettate subito la spugna! È solo un'impressione: non si richiede uno sforzo intellettuale superiore a quello necessario per la matematica di scuola.

e intensità del vettore (l'intensità è data dalla lunghezza della freccia). Il vettore di stato di un oggetto quantistico è una grandezza della meccanica quantistica analoga alle grandezze vettoriali della meccanica classica.

Come ormai sappiamo, lo stato di un oggetto quantistico è descritto dalla funzione d'onda Ψ. Questo *stato* (nel senso della meccanica quantistica) si rappresenta nella notazione di Dirac così:

$$|\Psi\rangle \tag{12.1}$$

e le strane parentesi $|\ \rangle$ vengono chiamate *ket*. Questo vettore ha una controparte: il *bra* $\langle\ |$, del quale non vogliamo parlare qui, ma che, combinato con il *ket*, permette di ricostruire il simbolo del prodotto scalare, formando un cosiddetto *bra-ket* $\langle\ |\ \rangle$ (dall'inglese: bracket = parentesi). Così si capisce la ragione di quei nomi strani dati alla notazione. Per il momento, comunque, ricordiamoci che lo stato di un oggetto quantistico si può scrivere col simbolo $|\Psi\rangle$.

Se usiamo la notazione di Dirac per rappresentare lo stato di sovrapposizione dell'atomo radioattivo, dalla combinazione lineare dei singoli stati $|decaduto\rangle$ e $|non\ decaduto\rangle$ otteniamo lo stato

$$|\Psi\rangle = a\,|decaduto\rangle + b\,|non\ decaduto\rangle\ . \tag{12.2}$$

I fattori a e b che compaiono qui rappresentano le *ampiezze di probabilità* (a noi già note, tra l'altro, dagli esperimenti della doppia fenditura) dei singoli stati $|decaduto\rangle$ e $|non\ decaduto\rangle$. Stando all'*interpretazione probabilistica di Born*, è possibile calcolare da qui con quale probabilità si troverà l'atomo in un certo stato quando si effettuerà una misura. Le ampiezze di probabilità a e b devono soddisfare naturalmente la condizione

$$|a|^2 + |b|^2 = 1\ , \tag{12.3}$$

visto che complessivamente la probabilità deve essere 1, cioè il 100%.

Nel caso in cui i due stati propri di una sovrapposizione siano ugualmente probabili, cioè se $a = b$, dalla relazione (12.3) si ottiene

$$a = b = \frac{1}{\sqrt{2}}\ ; \tag{12.4}$$

dunque nell'esperimento del gatto, dopo che è trascorso esattamente il tempo di dimezzamento di – diciamo – un'ora, possiamo esprimere lo stato complessivo sovrapposto come

$$|\Psi\rangle = \frac{1}{\sqrt{2}}\left(\,|decaduto\rangle + |non\ decaduto\rangle\,\right). \tag{12.5}$$

È chiaro che le probabilità di trovare l'atomo in ciascuno dei due stati alternativi cambiano col trascorrere del tempo, essendo, alla fine, anche il *tempo di dimezzamento* di un isotopo radioattivo, nient'altro che una misura della probabilità che l'atomo decada entro un certo intervallo temporale. Maggiore è il tempo di dimezzamento e più è probabile il singolo stato |*non decaduto*⟩. A ogni modo, finché non lo misuriamo, l'atomo si troverà negli stati |*decaduto*⟩ e |*non decaduto*⟩ con una ben determinata probabilità che si può calcolare precisamente e che starà da qualche parte tra 0 e 1.

Se adesso state cercando di immaginare come deve apparire un atomo che per il 40% è decaduto mentre, naturalmente, per il 60% ancora non lo è, allora vi consiglio subito: rinunciateci! Nessuno può immaginarsi una cosa simile. Si tratta di stati nel senso della meccanica quantistica, stati che nessuno è in grado di raffigurarsi concretamente. Parliamo di questi principi della meccanica quantistica soltanto perché abbiamo potuto verificare che questo formalismo matematico è in grado di fare previsioni corrette sull'esito degli esperimenti. Non viene fatta tuttavia alcuna affermazione su come ci si debba immaginare in pratica questi stati di sovrapposizione. Simili affermazioni non possono essere fatte nemmeno a priori.

Così sappiamo, per esempio, che se prendiamo un gruppo di 1˙000˙000 di atomi radioattivi di un certo isotopo con tempo di dimezzamento uguale a 60 minuti e lasciamo trascorrere un'ora, ne troveremo ancora circa 500˙000 integri, cioè la metà, mentre il resto sarà decaduto. Secondo questo principio è possibile determinare statisticamente i diversi tempi di dimezzamento dei singoli isotopi radioattivi.

I valori degli specifici tempi di dimezzamento dei vari isotopi sono sicuramente concreti, ma hanno un carattere rappresentativo soltanto se si prendono in considerazione numeri elevatissimi di atomi dei rispettivi isotopi, trattandosi, in fondo, di affermazioni puramente statistiche.

Riferito a un singolo atomo, invece, il tempo di dimezzamento ha soltanto il valore di un'informazione sulla probabilità del decadimento in dipendenza dal tempo. Secondo l'interpretazione di Copenaghen, sullo stato in cui si trova *veramente* un determinato atomo dell'isotopo quando non lo misuriamo, non possiamo fare proprio alcuna affermazione. Anche soltanto domandarsi in quale stato esso si trovi "veramente" non ha senso, dal punto di vista della meccanica quantistica. A questo proposito, secondo la teoria di Born, le equazioni della meccanica quantistica ci forniscono solamente un metodo per il calcolo della probabilità di trovare l'atomo in un determinato stato se viene effettuata una misurazione, ossia se, all'atto della misura, sia più probabile scoprire che il decadimento sia avvenuto oppure no.

Al contrario, lo stato *non misurato* dell'atomo, dal punto di vista puramente matematico, rappresenta semplicemente la sovrapposizione di entrambi gli stati singoli $|decaduto\rangle$ e $|non\ decaduto\rangle$, così come è espresso dall'equazione (12.2). Dobbiamo inoltre essere sempre consapevoli del fatto che è soltanto per noi, osservatori ignari, che la funzione di stato $\Psi(r; t)$ fornisce la probabilità con cui un atomo radioattivo decade dopo che è trascorso un certo intervallo di tempo. In quale diffuso stato quantistico si trovi un singolo atomo radioattivo dopo un determinato periodo di tempo t, questo lo sanno soltanto gli dei (o forse neppure loro).

Con la funzione d'onda possiamo unicamente prevedere con quale probabilità, in caso di misura, constateremo o no il decadimento dell'atomo, ma finché non lo si misura, la funzione d'onda è da considerare un puro e semplice strumento matematico per il calcolo delle probabilità (rivedere la citazione di Heisenberg del cap. 8). Se così non fosse, si finirebbe immancabilmente invischiati nelle contraddizioni del collasso della funzione d'onda.

In conclusione, abbiamo allora appurato che già la domanda circa "l'aspetto" di un atomo in uno stato di sovrapposizione è mal posta, perché lo stato di un atomo prima della misura non è determinato. Bohr sottolineava sempre – esagerando sì, ma anche parlando seriamente – che quando si tratta di una particella quantistica non si può nemmeno essere sicuri che questa esista, quando non la si guarda. In altre parole, in meccanica quantistica possiamo riadattare il detto di Ludwig Wittgensteins e farlo diventare un principio fondamentale: di ciò che non è stato misurato non si *può* e non si *deve* parlare.

Questo è quanto, circa lo stato sovrapposto dell'atomo radioattivo.

In che stato si trova il gatto?

E va bene. Ma torniamo ora all'esperimento del gatto, visto che in fondo l'atomo radioattivo era solo l'anello iniziale della catena che coinvolgeva il gatto di Schrödinger. Il contatore Geiger è legato allo stato dell'atomo da una relazione di causa ed effetto: se l'atomo decade, il contatore scatta e il martello viene liberato, rompendo la fiala col veleno che uccide il gatto; se l'atomo non decade, tutto rimane come prima e il gatto vive. Adesso sappiamo però che l'atomo radioattivo si trova in uno stato di sovrapposizione quantistica, trattandosi certamente di un oggetto quantistico.

È comunque un fatto innegabile che il contatore Geiger, a sua volta, sia formato niente meno che da singoli, piccoli atomi, cioè di nuovo da oggetti quantistici. In dipendenza dallo stato dell'atomo radioattivo iniziale, ciascuno di questi atomi dovrebbe trovarsi allora nella sovrapposizione degli stati "decadimento non rilevato" e "decadimento rilevato". Procedendo similmente, anche ogni singolo atomo del martello dovrebbe trovarsi in una sovrapposizione degli stati "trattenuto" e "sganciato", e, allo stesso modo, anche la boccetta di cianuro dovrebbe trovarsi nella sovrapposizione di "intatta" e "rotta". Da questo segue che il gatto dovrebbe trovarsi nella sovrapposizione tra "vivo" e "morto". La conseguenza logica è quindi che, dopo un intervallo di un'ora – pari al tempo di dimezzamento dell'atomo radioattivo – lo stato del gatto si esprime nella notazione di Dirac così:

$$|\Psi_{gatto}\rangle = \frac{1}{\sqrt{2}}\left(\,|vivo\rangle + |morto\rangle\,\right). \qquad (12.6)$$

Ma questo non può essere! Un gatto non è mai allo stesso tempo vivo e morto. Semplicemente non può essere. *Questo* è il paradosso dell'esperimento mentale del gatto di Schrödinger.

È un fatto indiscutibile, e perfino troppo evidente, che gli oggetti macroscopici non siano soggetti alla sovrapposizione quantistica e che si trovino invece sempre in un ben definito e concreto stato classico, caratterizzato da valori ben determinati e indipendenti da eventuali misurazioni. In che punto, allora, della catena nel meccanismo dell'esperimento del gatto di Schrödinger si varca il confine tra microcosmo e macrocosmo? Dove cessa, per gli oggetti coinvolti, la capacità di sovrapposizione in modo che noi possiamo vedere il gatto di Schrödinger sempre *o soltanto* vivo *o soltanto* morto? Come va perduta la sovrapposizione degli stati dell'atomo radioattivo iniziale? Questo è un problema fondamentale!

13

L'interpretazione del formalismo della meccanica quantistica

Come si risolve il paradosso del gatto di Schrödinger?

Quanto fosse spinosa e problematica la questione del passaggio di un sistema fisico da uno stato di sovrapposizione a un ben determinato e univoco stato concreto, era già emerso dalla discussione sul dualismo onda-particella, a proposito dell'esperimento della doppia fenditura. In quell'occasione, per la prima volta, ci eravamo imbattuti nell'interpretazione di Copenaghen: una "lettura" della meccanica quantistica proposta, tra gli altri, da Niels Bohr. Ebbene, quel modo di vedere le cose non è l'unico possibile. Muovendo da prospettive molto diverse tra loro, anche altre interpretazioni hanno potuto farsi strada tra gli specialisti, affiancandosi a questo primo approccio standard. Non c'è mai stato accordo su quale interpretazione rappresenti il punto di vista privilegiato per spiegare la natura e ancora oggi, dopo più di mezzo secolo, si è ben lontani dall'aver raggiunto un'intesa.

Dall'ampio ventaglio di possibili *interpretazioni fisiche* del formalismo della meccanica quantistica si possono estrarre alcune linee guida e ripartire lo scenario nei seguenti filoni principali:

- **l'interpretazione di Copenaghen**, che è considerata per eccellenza l'interpretazione ortodossa standard della meccanica quantistica (Bohr, Heisenberg e altri);

- **le teorie delle variabili nascoste**, che cercano di ricondurre la meccanica quantistica consueta a parametri nascosti locali e realistici;

- **la meccanica di Bohm**, che, attraverso un'estensione dell'usuale meccanica quantistica con l'aggiunta di onde pilota, arriva a una formulazione deterministica non locale della dinamica, nella quale la funzione d'onda assume un significato reale (de Broglie, Bohm e altri);

- **le teorie di localizzazione spontanea**, o le esplicite *teorie del collasso fisico*, che introducono un nuovo meccanismo fisicamente *reale* per il collasso, attraverso una modificazione dell'equazione di Schrödinger (Pearle, Ghirardi, Rimini, Weber e altri);

- **l'interpretazione degli stati relativi**, anche detta **interpretazione a molti mondi**, che rappresenta una lettura alternativa del formalismo matematico (Everett, DeWitt e altri);

- **la teoria delle storie quantistiche consistenti** , che (pressappoco come nell'interpretazione degli stati relativi) priva il processo di misurazione, da parte di un osservatore esterno, di quello *status* centrale che invece la maggioranza delle altre teorie gli riconosce (Griffith, Omnès e altri).

Se a questo punto non vogliamo che le dimensioni del nostro libro esplodano, dobbiamo limitarci a parlare di una selezione delle più significative interpretazioni elencate. Considereremo perciò, in primo luogo, la già discussa *interpretazione di Copenaghen*, formulata prevalentemente da Bohr e Heisenberg; in secondo luogo, esamineremo l'*interpretazione a molti mondi* che risale originalmente a un'idea del fisico Hugh Everett e, per finire, ci occuperemo di un tipo di interpretazione che può essere pensata come una sorta di perfezionamento dell'idea di Everett e si basa essenzialmente sulla teoria della *decoerenza* sviluppata da Zeh e Zurek, la quale, a sua volta, ha già ottenuto generale riconoscimento come descrizione di un fenomeno fondamentale. Di queste tre possibili interpretazioni del formalismo quantistico vogliamo analizzare più da vicino sia i punti di forza che i punti deboli.

Che cosa dice l'interpretazione di Copenaghen?

L'interpretazione di Copenaghen rappresenta un po' il punto di vista tradizionale sulla problematica che stiamo studiando. Abbiamo già fatto la conoscenza di questa prima e fondamentale interpretazione del formalismo della meccanica quantistica, sviluppata principalmente da Bohr e Heisenberg, e nel corso delle considerazioni che abbiamo fatto fin qui, consapevolmente o no, abbiamo spesso assunto implicitamente la prospettiva di questa scuola di pensiero. Uno dei principi centrali sui quali essa si fonda è il dualismo onda-particella. Il concetto introdotto da Bohr stesso di *complementarità* dei paradigmi ondulatorio e corpuscolare nella descrizione dei processi del microcosmo (e si parla anche di complementarità tra cammino e capacità di interferenza), gioca un ruolo fondamentale nell'interpretazione di Copenaghen. Secondo Bohr, la più grande sciagura della meccanica quantistica è il fatto che il suo raggio di azione sfugge completamente al nostro diretto campo di esperienza e alla umana capacità di immaginazione. Possiamo riflettere sui processi del microcosmo solamente in termini di concetti e meccanismi intuitivi della fisica classica. Dai nostri apparati sperimentali ai nostri strumenti di misura, fino ai nostri modelli di lavoro: in fisica, tutto il pensiero analitico si basa, per natura, su concetti classici.

Siccome però il microcosmo si comporta in modo tutt'altro che classico, il fatto che sappiamo parlare soltanto la lingua, qui inadeguata, della fisica classica (perché un'altra lingua proprio non ci è data) rappresenta un ostacolo insormontabile quando dobbiamo descrivere meccanismi quantistici; così la nostra intuizione naufraga e dobbiamo necessariamente gettare la spugna. Questa visione delle cose è affermata con forza straordinaria in una citazione che viene attribuita a Bohr stesso:

Non esiste un mondo quantistico. Esiste solo un'astratta descrizione quantistica della natura. È sbagliato pensare che il compito della fisica sia di scoprire come la natura è. La fisica riguarda ciò che della natura riusciamo a dire.[1]

Il "mondo quantistico", come lo chiama Bohr qui, non è accessibile a noi umani, poiché ci troviamo semplicemente nell'ordine di grandezza sbagliato. Heisenberg sottolineava sempre che siamo completamente vincolati e dipendenti dal linguaggio impreciso della fisica classica, e che, con le sue immagini di particella e di onda, tentiamo di avvicinarci mentalmente ai fatti della meccanica quantistica. Ma i quanti non sono né onde né particelle e dunque, in fin dei conti, ogni punto di vista quantistico non può che avere necessariamente il carattere di un modello.
Inoltre, il collasso della funzione d'onda assume un ruolo centrale nell'interpretazione di Copenaghen. Come sappiamo, secondo questa scuola di pensiero, il collasso è una conseguenza del processo di misura. In questo modo, si attribuiscono agli strumenti di misura e all'atto stesso della misurazione un significato e un'importanza non trascurabili. Gli oggetti microscopici non possono venire misurati senza introdurre necessariamente un disturbo che esclude in partenza la possibilità di un'osservazione oggettiva dei processi che si svolgono nel microcosmo.
In questo contesto, dunque, si inquadra anche l'aspetto cruciale della *non oggettivabilità* nell'interpretazione di Copenaghen, vale a dire il fatto che, a livello microscopico, la natura non possa essere descritta oggettivamente, in modo indipendente dall'osservatore. A causa di questo dato fondamentale, Bohr e Heisenberg si videro costretti ad adottare un punto di vista *positivistico*, posizione che emerge in modo chiarissimo, assieme al principio della non oggettivabilità, nella seguente citazione di Heisenberg:

Questa situazione nuova si manifesta nel modo più acuto proprio nella moderna scienza naturale, dove [...] risulta che i mattoni fondamentali della materia, concepiti originalmente come l'ultima realtà oggettiva, non possono più essere considerati «in sé» [...] e che, in sostanza, è sempre e

---

[1] *"There is no quantum world. There is only an abstract quantum physical description. It is wrong to think that the task of physics is to find out how nature is. Physics concerns what we can say about nature".* J. Baggot: *Beyond Measure* (Oxford University Press, 2004); p. 109.

solo la nostra conoscenza di queste particelle che possiamo rendere l'oggetto della scienza.[2]

Nell'interpretazione di Copenaghen non si fanno affermazioni su proprietà degli oggetti quantistici che non sono state misurate o che, in linea di principio, non possono proprio essere misurate. Anche la meccanica matriciale di Heisenberg è costruita esclusivamente su *osservabili*, cioè su grandezze percepibili e misurabili. Nell'interpretazione di Bohr, a ciò che non può essere osservato non si attribuisce alcun valore di realtà.

È soprattutto nell'ultima parte del passo che ho citato, che emerge il carattere positivistico della visione di Heisenberg, per cui soltanto ciò che dell'ente fisico si conosce può essere oggetto della scienza. In questo modo, anche l'*interpretazione probabilistica* di Born assume un ruolo centrale nell'interpretazione di Copenaghen. Secondo quest'ultima, infatti, la funzione d'onda Ψ è una misura della probabilità di trovare l'oggetto quantistico in un determinato stato, nel caso venga fatta una misurazione. Il collasso della funzione d'onda, di conseguenza, non rappresenta altro che il cambiamento istantaneo di informazione sullo stato dell'oggetto osservato, causato dal processo stesso dell'osservazione, cioè dalla misurazione. È solo attraverso questo atto della misurazione che l'oggetto quantistico assumerà uno stato concreto e che uno dei possibili stati singoli diventerà reale.

Se allora guardiamo al paradosso del gatto di Schrödinger dal punto di vista dell'interpretazione di Copenaghen, siamo costretti a estendere lo stato di sovrapposizione dell'atomo radioattivo, attraverso tutta la catena di cause ed effetti, al gatto stesso (pur essendo un "oggetto macroscopico"), il quale dunque, secondo Bohr, finché resta nel sistema chiuso e isolato della cassetta che contiene tutto l'apparato sperimentale, si troverà nella sovrapposizione degli stati $|vivo\rangle$ e $|morto\rangle$ (vedere eq. (12.2)).

Bisogna comunque aggiungere che, secondo Bohr, né lo stato di sovrapposizione dell'atomo radioattivo, né quello del gatto fanno parte della *realtà fisica*. Soltanto con una misurazione dello

---

2 *"Am schärfsten aber tritt uns diese neue Situation eben in der modernen Naturwissenschaft vor Augen, in der sich [...] herausstellt, daß wir die Bausteine der Materie, die ursprünglich als die letzte objektive Realität gedacht waren, überhaupt nicht mehr ‹an sich› betrachten können [...] und daß wir im Grunde immer nur unsere Kenntnis dieser Teilchen zum Gegenstand der Wissenschaft machen können."* W. Heisenberg: Das Naturbild der heutigen Physik (Rowohlt, 1955); p. 18.

stato di uno degli oggetti coinvolti, il conseguente collasso della funzione d'onda "sceglierà" a caso uno degli stati sovrapposti, che entrerà a far parte della realtà fisica (confrontare il passo di Heisenberg citato nel cap. 8). In conclusione, la funzione d'onda, l'ampiezza di probabilità, gli stati sovrapposti e tutti i concetti introdotti, posseggono esclusivamente un significato matematico formale e servono per il calcolo delle probabilità di comparsa di determinati stati classici, senza che agli stati sovrapposti sia veramente riconosciuta una qualche realtà fisica.

Critica. Con questa spiegazione anti-realistica del formalismo della meccanica quantistica, l'interpretazione di Copenaghen è certamente in sé stessa consistente, ma rimangono aperte ancora molte domande: quale sistema, in pratica, può essere considerato isolato? Il solo atomo radioattivo? Il contenuto della cassetta? L'intero laboratorio? Oppure tutto l'universo? Dove sta il confine? Chi può essere considerato osservatore/misuratore? Solo lo scienziato in laboratorio? Perché non il gatto? Ecc...

Queste e molte altre domande restano alla fine senza risposta. Indiscutibilmente, la definizione di ogni singola istanza gioca nell'interpretazione di Copenaghen un ruolo decisivo, ma sembra avvenire in modo arbitrario e senza criterio.

Che cosa dice l'interpretazione a molti mondi?

Un modo molto diverso di vedere le cose, rispetto alla tradizionale interpretazione di Copenaghen, è rappresentato dalla cosiddetta formulazione *relative state* della meccanica quantistica[3], che risale a un'idea assolutamente nuova del fisico Hugh Everett (1930–1982), contenuta nella sua tesi di dottorato. Successivamente, questa interpretazione divenne celebre come l'*interpretazione a molti mondi*, dal nome datole da Bryce DeWitt (1923–2004).

Come sottolinea Everett nel suo lavoro del 1957, qui la novità consiste soprattutto nell'assumere che l'equazione di Schrödinger non descriva soltanto la nostra *conoscenza* sullo stato dell'oggetto quantistico (come avviene nell'interpretazione di Copenaghen),

---

[3] H. Everett: "Relative state" formulation of quantum mechanics. *Rev. Mod. Phys.* **29**, 454–62 (1957); ristampato, tra l'altro, in J. Wheeler, W. Zurek: *Quantum Theory and Measurement* (Princeton University Press, 1983); p. 315 ss.

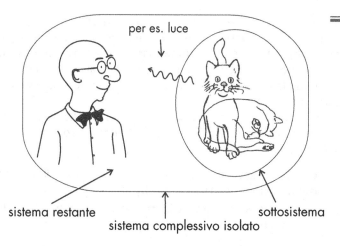

per es. luce

sistema restante   sottosistema
                    sistema complessivo isolato

Fig. 13.1. Il sistema isolato complessivo formato dal sottosistema (= il gatto "vivo-morto") e dal sistema restante (= l'osservatore)

ma fornisca, senza eccezioni, la descrizione *completa* di ogni sistema isolato.

Per di più, egli ammette che ogni sistema fisico osservabile possa essere considerato come un sottosistema di un più grande sistema isolato del quale fa parte (vedere fig. 13.1). La correlazione che esiste a causa dell'interazione tra i due sistemi (sottosistema e sistema restante) fa sì che ogni sistema parziale non possa essere descritto con una propria funzione di stato in modo indipendente dal sistema restante. Un punto importante è proprio quello che una simile funzione di stato del sistema di partenza possa avere un valore soltanto *relativamente* alla funzione di stato del sistema rimanente.

Rispetto all'esempio in figura 13.1, nel quale il sottosistema è rappresentato dal gatto (in una sovrapposizione "vivo-morto") e il resto del sistema è costituito dallo scienziato che osserva nel suo laboratorio, l'eccellente idea di Everett si esprimerebbe come segue.

La correlazione tra gatto e scienziato esclude la possibilità di un'*osservazione esterna* del sottosistema, come invece accade nell'interpretazione di Copenaghen. In questo caso bisogna parlare piuttosto di una *osservazione relativa*. Lo scienziato non osserva il gatto in modo oggettivo dall'esterno, ma è inevitabilmente legato a lui, così che l'esito della sua misura circa lo stato in cui versa il gatto non può essere considerato come un dato avente una validità assoluta. Ha soltanto un valore relativo, dipendente dallo stato in cui il gatto si trova.

In questo semplice esempio, due stati alternativi correlati del sistema complessivo isolato (formato dal gatto G e dall'osservatore O) possono essere pensati in questi termini:

1) se il sottosistema si trova nello stato $|vivo\rangle_G$, allora il resto del sistema si trova nello stato $|felice\rangle_O$;

2) se il sottosistema si trova nello stato $|morto\rangle_G$, allora il resto del sistema si trova nello stato $|triste\rangle_O$.

Riassumendo, Everett dice in sostanza che se anche il resto del sistema (= l'osservatore) non può essere descritto con una sola e univoca funzione di stato, esso si trova tuttavia nella sovrapposizione di diversi stati singoli (qui: $|felice\rangle_O$ e $|triste\rangle_O$). Di conseguenza, egli giunge alla fine alla seguente conclusione, a prima vista sorprendente, ma del tutto logica:

Così a ogni successiva osservazione (o interazione) lo stato dell'osservatore si «ramifica» in un certo numero di stati diversi. Ogni ramo rappresenta un diverso esito della misura e il corrispondente autostato per lo stato del sistema-oggetto. Tutti i rami esistono simultaneamente in sovrapposizione dopo ogni data sequenza di osservazioni.[4]

Egli giunge dunque alla conclusione che, attraverso ogni osservazione o interazione del sistema restante con il sottosistema, lo stato del sistema restante si ripartisce in diversi "rami", ciascuno dei quali esiste realmente. Ogni singolo possibile stato, contenuto nell'iniziale stato di sovrapposizione del sistema restante, viene realizzato e così non è più necessario chiamare in causa l'improvvisa ed enigmatica riduzione della funzione d'onda.

[4] "Thus with each succeeding observation (or interaction), the observer state ‹branches› into a number of different states. Each branch represents a different outcome of the measurement and the corresponding eigenstate for the object-system state. All branches exist simultaneously in the superposition after any given sequence of observations". J. Wheeler, W. Zurek: Quantum Theory and Measurement (Princeton University Press, 1983); p. 320.

In questo modo, la formulazione di Everett della meccanica quantistica non necessita più del brutto e problematico postulato del collasso che costituiva invece un elemento portante
dell'interpretazione di Copenaghen.

Inoltre, egli rimarca con insistenza il fatto che già il formalismo
matematico (con il successo smisurato che mai come oggi sappiamo riconoscergli) conduce di per sé al concetto degli stati relativi.
Un argomento solidissimo a favore dell'interpretazione di Everett
è anche la sua incorruttibile consistenza. Problemi di definizione tipici dell'interpretazione di Copenaghen, come quelli riportati nella critica del paragrafo precedente, se guardati dalla prospettiva di
Everett, sono subito svuotati del loro significato e ridotti a problemi apparenti.

Secondo l'interpretazione che DeWitt dà delle idee di Everett,
questi singoli stati di un sistema quantistico in sovrapposizione,
stati che esistono fisicamente separati gli uni dagli altri, sarebbero
realizzati in mondi diversi. Le sovrapposizioni di un oggetto quantistico, di conseguenza, non vengono affatto considerate un fenomeno locale, tutto riferito all'oggetto in questione, ma sono pensate come esistenti simultaneamente in infiniti *universi paralleli*.

I singoli stati formali di un oggetto quantistico che, secondo
il formalismo matematico della meccanica quantistica, si sovrappongono per formare lo stato risultante dell'oggetto stesso, sono
dunque, secondo questo punto di vista, tutti singolarmente e contemporaneamente esistenti in un proprio universo, che, a parte
questo determinato stato quantistico, non differisce in nessun altro punto dall'universo madre e da tutti gli altri universi paralleli.
Ogni volta che in un universo si presenta l'occasione di avere diversi stati alternativi per uno stesso oggetto quantistico, l'universo si divide (ecco i mondi di DeWitt) e tutti i singoli stati possibili
vengono realizzati ciascuno nel suo universo.

Naturalmente, anche qui vale la solita regola: non scoraggia-
tevi se non riuscite a immaginarvi questi infiniti mondi paralleli; probabilmente gli esseri umani non sono per natura in grado
di farlo. Questo però non significa niente. Senza dubbio, questa
spiegazione alternativa della meccanica quantistica, almeno in un
primo momento, può apparire un po' curiosa e strana e magari
ricorda addirittura i racconti di fantascienza alla Star-Trek, ma di
fatto si tratta di una possibilità da prendere sul serio se si vuole
interpretare il mondo fisico.

13 L'interpretazione del formalismo della meccanica quantistica

La fondamentale differenza, rispetto all'interpretazione di Copenaghen, risiede nel fatto che nell'interpretazione a molti mondi si attribuisce realtà fisica a tutti i possibili stati, anche se in universi distinti. La spiegazione tradizionale, invece, include il selettivo collasso della funzione d'onda, per mezzo del quale (in modo misterioso) eventuali stati alternativi semplicemente spariscono senza lasciare traccia.

Se applichiamo l'interpretazione di Everett al problema del gatto di Schrödinger, otteniamo che tanto il gatto quanto l'atomo radioattivo si trovano in ogni istante di tempo in un ben definito stato concreto. In un universo l'atomo non è decaduto e il gatto vive, in un altro, invece, l'atomo è decaduto e il gatto è morto. Non si pone dunque affatto la domanda su come avvenga e da che cosa sia provocato il collasso della funzione d'onda, perché un collasso non avviene proprio. Quale dei singoli stati si realizzi in un dato universo, dipende semplicemente da qual è l'universo dell'osservatore, vale a dire in quale degli esistenti universi paralleli si trova chi misura lo stato del gatto.

Stati sovrapposti, se mai esistono, hanno un significato globale soltanto per sistemi assolutamente isolati, sistemi che, tuttavia, non sono per natura osservabili, perché altrimenti non potrebbero più essere considerati isolati. In tutti i casi concreti rilevanti, cioè quando avviene una misurazione o hanno luogo interazioni (magari addirittura incontrollate), ogni sovrapposizione di stati quantistici cessa nella ripartizione nei corrispondenti mondi paralleli.

Critica. La principale critica all'interpretazione a molti mondi è al tempo stesso la più evidente: il fatto cioè che debbano esistere infiniti universi o mondi simultanei, cosa evidentemente difficile da figurarsi. Si tratta dell'ostacolo più serio che impedisce a questa teoria di guadagnare un maggior consenso tra gli specialisti, anche se la plausibilità fisica di una simile critica sembra a sua volta davvero dubbia. Ciò nonostante, a dispetto della sua consistenza e delle prestazioni scientifiche che non sono da sottovalutare, l'interpretazione a molti mondi conduce normalmente una modesta esistenza "di nicchia".

Una precisazione fisica dell'idea originaria di Everett che riguarda il meccanismo della decoerenza, può tuttavia portare a una nuova interpretazione, come vedremo nel prossimo paragrafo.

Che cosa dice la teoria della decoerenza?

La teoria della decoerenza rappresenta oggi, per la maggior parte degli specialisti della teoria dei quanti, una riconosciuta descrizione dei fenomeni. Ciò, non da ultimo, perché l'insorgere della decoerenza rappresenta per molti esperimenti un serio e tenace ostacolo o un fattore di disturbo molto difficile da eliminare. È interessante che essa costituisca anche il punto di partenza per una delle interpretazioni al momento più promettenti. Al contrario dell'ortodossa interpretazione di Copenaghen, si tratta ora più di un tipo di interpretazione *concettualmente consistente* che non di un'interpretazione epistemologicamente *pragmatica*.

In questa interpretazione, basata sul meccanismo della decoerenza, la scomparsa della capacità di dar luogo a sovrapposizione di stati diversi avviene, al crescere dell'ordine di grandezza, a causa dell'inevitabile interazione dell'oggetto col suo ambiente, interazione che cresce di pari passo con l'aumentare delle dimensioni. Il concetto di *decoerenza* viene spiegato nella pubblicazione *What is achieved by Decoherence?* ("Che cosa si ottiene con la decoerenza") dal fisico che maggiormente ha contribuito a questa teoria, H. Dieter Zeh, nel seguente modo:

> ...con il termine "decoerenza" intendo la scomparsa, praticamente irreversibile e inevitabile, [...] di certe relazioni di fase dagli stati di sistemi locali a causa dell'interazione con il loro ambiente secondo l'equazione di Schrödinger.[5]

Nel processo irreversibile della decoerenza, dunque, lo stato coerente di sovrapposizione di un oggetto fisico viene perturbato dall'inevitabile influsso dell'ambiente. La determinata relazione coerente di fase tra le componenti della sovrapposizione va così irrimediabilmente perduta. Qui vale la regola che più l'oggetto è grande, tanto prima esso interagirà con l'ambiente e tanto più bassa sarà la probabilità di osservarlo in uno stato di sovrapposizione.

Un paio di esempi potrebbero forse servire a chiarire questa faccenda del passaggio dal livello quantistico a quello classico.

---

[5] "...by decoherence I mean the practically irreversible and practically unavoidable [...] disappearance of certain phase relations from the states of local systems by interaction with their environment according to the Schrödinger equation". arXiv: http://arxiv.org/abs/quant-ph/9610014 (1996).

Un neutrino elettronico (simbolo: ν_e), per esempio, interagisce esclusivamente attraverso la *forza debole*[6], la seconda, in ordine di debolezza, delle quattro interazioni fondamentali nell'universo.

Una molecola di fullerene (vedere fig. 7.2), che è formata invece da un numero davvero grande di atomi di carbonio (possono essere 60, 70, 80 o più), al contrario, interagisce in modo molto più intenso con il suo ambiente. Ciò non dipende solo dal fatto che questa molecola – a differenza del semplice e innocuo neutrino – può interagire attraverso tutte e quattro le forze fondamentali della natura: le molecole di fullerene sono, nel vero senso della parola, delle *macro*molecole. Queste strutture, simili a palloni da calcio e delle dimensioni di circa mezzo nanometro, si potrebbero veramente considerate già come "autentiche" particelle quasi-classiche, simili a polvere finissima di carbone (anche se con una struttura ben diversa).

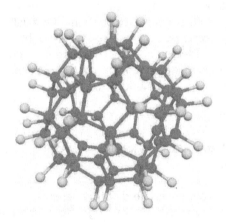

Fig. 13.2. Rappresentazione schematica di una molecola di fluoro-fullerene ($C_{60}F_{48}$)

È allora ancora più interessante che un suo parente di dimensioni maggiori (vedere fig. 13.2), il fluorofullerene ($C_{60}F_{48}$), mostri ancora significative proprietà ondulatorie, come si è potuto constatare

---

[6] Secondo il modello standard della fisica delle particelle elementari, i neutrini sono privi di massa a riposo. È dato praticamente per dimostrato, tuttavia, che a essi può essere assegnata una massa a riposo finita, anche se piccolissima. In questo modo, essi interagiscono debolmente anche attraverso la gravità. Tutto ciò, comunque, non cambia nulla di sostanziale nel nostro discorso.

negli esperimenti di interferenza di Markus Arndt e altri[7] del 2003.

In questi esperimenti molto recenti, è ancora possibile isolare abbastanza bene le molecole considerevolmente grandi di fluorofullerene, tenendole al riparo dal processo naturale della decoerenza. Tuttavia, anche qui si delineano immediatamente limiti molto rigidi in vista di futuri esperimenti di interferenza con oggetti ancora più grandi, come per esempio microrganismi.

Un gatto, un essere umano o altri sistemi macroscopici, al contrario, non sono più pensabili come sistemi isolati. Con una probabilità che rasenta la certezza, essi non assumeranno stati di sovrapposizione tra $|vivo\rangle$ e $|morto\rangle$; per lo meno, la nostra esperienza di tutti i giorni non può certo confermare una simile evenienza. Secondo l'interpretazione della decoerenza, tutto ciò è dovuto al semplice fatto che, a causa dell'interazione (inevitabile) che i corpi macroscopici stabiliscono con l'ambiente attraverso lo scambio di calore e materia, la coerenza del sistema va perduta.

Nel suo articolo "Decoerenza e transizione dal quantistico al classico"), Wojciech Zurek spiega il problema centrale della descrizione degli oggetti macroscopici attraverso la meccanica quantistica con le seguenti parole:

I sistemi macroscopici non sono mai isolati dal loro ambiente. Perciò [...] non ci si dovrebbe aspettare che essi seguano l'equazione di Schrödinger, che si può applicare solo a un sistema chiuso.[8]

Gli oggetti macroscopici, per chiari motivi, non possono essere considerati isolati. Di conseguenza, non possono a priori nemmeno essere visti o descritti come sistemi chiusi. L'inevitabile interazione con l'ambiente distrugge lo stato di sovrapposizione quantistico e conduce, come risultato finale, agli ordinari stati singoli non sovrapposti degli oggetti del nostro ordine di grandezza.

A proposito del paradosso del gatto di Schrödinger, secondo l'interpretazione della decoerenza, si può affermare che la sovrap-

---

[7] M. Arndt, B. Brezger, L. Hackermüller, K. Hornberger, E. Reiger, A. Zeilinger: The wave nature of biomolecules and fluorofullerenes. Phys. Rev. Lett. **91** (2003); arXiv: quant-ph/0309016 v1 (2003).

[8] "Macroscopic systems are never isolated from their environments. Therefore [...] they should not be expected to follow Schrödinger's equation, which is applicable only to a closed system". W. Zurek: Decoherence and the Transition from Quantum to Classical. Los Alamos Science **27** (2002).

posizione simultanea degli stati vivo e morto del gatto non ha luogo, perché è distrutta dall'interazione del gatto con il suo ambiente, attraverso l'aria, per esempio (della quale ha necessariamente bisogno per vivere) o la radiazione termica che emette.

A questo punto si potrebbe obiettare che a trovarsi in uno stato esteso di sovrapposizione potrebbe ancora essere l'intero contenuto della cassetta e cioè proprio tutto quello che vi è al suo interno: l'atomo radioattivo, il contatore, il martello, la boccetta e il gatto, includendo anche le molecole d'aria e la radiazione termica. Il contenuto della cassetta, essendo un perfetto sistema isolato, sarebbe così immunizzato e al riparo dalla decoerenza. Effettivamente, però, questa sarebbe una idealizzazione inadeguata: perché l'oggetto macroscopico "cassetta", nei casi concreti rilevanti, non può essere considerato un sistema isolato.

La differenza più significativa tra la teoria della decoerenza e la tradizionale interpretazione di Copenaghen sta nel fatto che il postulato ausiliario del collasso istantaneo della funzione d'onda, astratto e imbarazzante, diventa superfluo e può essere eliminato. Al suo posto subentra il cosiddetto *processo di decoerenza*, un processo fisico *non* istantaneo che avviene in un tempo finito. Esso rappresenta un'evoluzione temporale unitaria, nella quale la decoerenza (cioè la scomparsa dell'interferenza) è conseguenza dello sviluppo complessivo del sistema e del suo ambiente nel tempo.

Come è stato dimostrato, per esempio, dai nuovi esperimenti di Serge Haroche a Parigi, oggi è già possibile sottoporre a una sensata verifica sperimentale i *tempi di decoerenza* teorici pronosticati per determinati tipi di fenomeni. Ciò significa che, alla fin fine, la teoria della decoerenza scalza l'obsoleta interpretazione di Copenaghen, visto che l'istantaneo collasso della funzione d'onda, previsto da quest'ultima, evidentemente negli esperimenti non si osserva. Non sussistono dunque soltanto dal punto di vista teorico, delle differenze sottili e importanti tra le due interpretazioni; anche dal punto di vista sperimentale, a partire da queste differenze, è possibile prendere una qualificata posizione rispetto all'adeguatezza di queste teorie. Concetti tipici dell'interpretazione di Copenaghen come la complementarità di Bohr o il principio del dualismo tra i modelli ondulatorio e corpuscolare, al cospetto di questi fatti, appaiono superflui, se non addirittura fuorvianti.

Per poter comprendere un po' meglio la teoria, evidentemente molto efficace, della decoerenza, vogliamo ora vedere più da

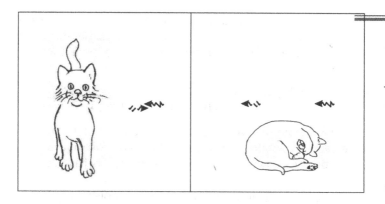

Fig. 13.3. I due possibili stati alternativi: a sinistra 1) e a destra 2)

vicino, per mezzo di un facile esempio, proprio quel processo di decoerenza che essa descrive.

Pensate di nuovo al gatto di Schrödinger che, a causa dell'atomo radioattivo, possiede anch'esso un tempo di dimezzamento di un'ora, intendendo con questo che, dopo un'ora, il gatto ha il 50% di probabilità di essere ancora vivo e il 50% di essere già morto. Immaginatevi adesso due situazioni alternative (vedere fig. 13.3): nel caso 1) il famoso gatto (= il sistema in sovrapposizione, brevemente: S) è nello stato "vivo" e un fotone che viaggia in direzione orizzontale "verso sinistra" (= l'ambiente, brevemente: A), colpendo la schiena del gatto, viene riflesso "verso destra". Nel caso 2) invece, nel quale il gatto è passato allo stato "morto" e giace sul fondo della cassetta, il fotone che viaggia "verso sinistra" non viene più riflesso e continua a muoversi "verso sinistra".

Espresso in modo più schematico, abbiamo allora i casi:

1) se il sistema S si trova nello stato $|vivo\rangle$, il sistema A è costretto a passare nello stato $|verso\ destra\rangle$;

2) se il sistema S si trova nello stato $|morto\rangle$, il sistema A mantiene invece, logicamente, lo stato $|verso\ sinistra\rangle$.

Consideriamo adesso il processo preciso della decoerenza. Prima che avvenga l'interazione tra i sistemi S e A, il sistema del gatto si trova nel ben noto stato di sovrapposizione tra "vivo" e "morto". Il sistema del fotone, al contrario, prima che i sistemi interagiscano, si trova nell'unico stato "verso sinistra". Di conseguenza, per il sistema complessivo S + A, prima che il fotone possa interagire col gatto, si ottiene, nella notazione di Dirac, la sovrapposizione:

$$|\Psi\rangle_{prima} = \frac{1}{\sqrt{2}} (|vivo\rangle_S |verso\ sinistra\rangle_A$$
$$+ |morto\rangle_S |verso\ sinistra\rangle_A). \quad (13.1)$$

Questo stato di sovrapposizione è fatto in modo tale da poter essere fattorizzato – si dice anche che è *separabile secondo Einstein* – perché può essere riscritto come prodotto nella forma:

$$|\Psi\rangle_{prima} = \frac{1}{\sqrt{2}} (|vivo\rangle_S + |morto\rangle_S) |verso\ sinistra\rangle_A . \quad (13.2)$$

La possibilità di questa fattorizzazione va di pari passo con la capacità del sistema S di trovarsi in uno stato di sovrapposizione. Qui è soltanto il sottosistema S a trovarsi in sovrapposizione e questo è un punto fondamentale, come vedremo più avanti.

Se ora tuttavia si consente che avvenga un'interazione tra i sistemi S e A per cui, a seconda dello stato del gatto, il fotone viene riflesso oppure continua indisturbato il suo moto, allora lo stato complessivo del sistema S + A cambia in modo drastico, perché in questo caso deve diventare:

$$|\Psi\rangle_{dopo} = \frac{1}{\sqrt{2}} (|vivo\rangle_S |verso\ destra\rangle_A$$
$$+ |morto\rangle_S |verso\ sinistra\rangle_A). \quad (13.3)$$

La sovrapposizione *locale* del sistema S del gatto, attraverso il *processo di decoerenza*, è tradotta in una sovrapposizione *globale* del gatto e dell'ambiente insieme. È evidente, tuttavia, che lo stato sovrapposto complessivo dato dall'equazione (13.3) non è più fattorizzabile. È proprio questa differenza di fondo tra $|\Psi\rangle_{prima}$ e $|\Psi\rangle_{dopo}$ che annulla la capacità di sovrapposizione del sistema S.

La (13.3) non descrive più uno stato sovrapposto per il solo gatto, bensì un particolare e ben definito *stato entangled*, che indicheremmo alternativamente come "vivo e verso destra" oppure "morto e verso sinistra". E sono questi, in effetti, gli stati a cui siamo abituati noi, nel nostro ordine di grandezza. L'irreversibile decoerenza avviene attraverso l'interazione tra i sistemi S e A.

È stupefacente quanto sia semplice questa acquisizione: abbiamo ottenuto un'elegante soluzione del paradosso del gatto in completo accordo con il formalismo matematico della meccanica quantistica, ma, beninteso, senza il brutto e paradossale collasso della funzione d'onda. Non deve più essere postulata alcuna istantanea annichilazione di onde (il processo di decoerenza richiede effettivamente un lasso di tempo finito, completamente calcolabile), ma è la meccanica quantistica stessa a fornire da sola una teoria fisica consistente che abbraccia tutti questi fenomeni, in modo particolare nella zona di passaggio dal microcosmo al macrocosmo.

Un ulteriore vantaggio, apprezzato sicuramente dagli scienziati realisti, è dato dal fatto che gli stati di sovrapposizione non devono più essere considerati necessariamente pure costruzioni matematiche. Il positivismo di Bohr cede il passo a un realismo scientifico che riconquista un certo grado di oggettività e oggettivabilità.

Critica. Nonostante la teoria della decoerenza abbia in fondo la giustificata pretesa di essere una teoria fisica consistente che abbraccia tutti i fenomeni quantistici ed è in grado di descrivere completamente anche la zona grigia di passaggio tra micro- e macrocosmo (e tutto questo senza ricorrere all'istantaneo e dubbio collasso della funzione d'onda), anche questa interpretazione lascia aperta qualche domanda.

Citiamo, per esempio, un passo dei fisici Markus Arndt, Klaus Hornberger e Anton Zeilinger tratto dal loro articolo *Sondando i limiti del mondo quantistico*:

La decoerenza non può dunque risolvere il problema filosofico di comprendere la percezione umana di una certa realtà. Tuttavia, essa può spiegare l'emergere della classicità, cioè come e quando un oggetto perde le sue proprietà quantistiche e diventa indistinguibile dalla descrizione classica.[9]

Qui si esprime il fatto che la teoria della decoerenza, per mezzo della descrizione quantistica, è certamente in grado di spiegare la non-separabilità, ma la domanda circa il perché ciò comporti la scomparsa della capacità di sovrapposizione del sistema rimane

---

[9] *"Decoherence cannot therefore solve the philosophical problem of understanding the human preception of a particular reality. However, it can explain the emergence of classicality, that is how and when an object loses its quantum features and becomes indistiguishable from a classical description".* Probing the limits of quantum world. Physics World **18**, 3 (2005).

un problema filosofico ancora non affrontato (possibili soluzioni a questo problema vengono presentate in seguito).

In conclusione, sia detto ancora una volta chiaramente che le tre visioni della meccanica quantistica che abbiamo illustrato rappresentano soltanto una piccola scelta delle più importanti interpretazioni esistenti.

Quale interpretazione corrisponde alla "realtà"?

Anticipiamo già ora che più avanti, quando il momento sarà opportuno, faremo la conoscenza di un'altra delle interpretazioni della meccanica quantistica menzionate all'inizio di questo capitolo, un'interpretazione che risale al geniale fisico, filosofo e pensatore anticonformista David Bohm (1917–1992) ed è nota perciò come *meccanica di Bohm*. Una discussione di questa meccanica sarebbe adesso troppo prematura; avremo però modo di affrontarla in occasione della trattazione del paradosso EPR.

Accanto alle interpretazioni principali, esistono innumerevoli altre teorie simili, derivate da queste per variazione o estensione delle idee ivi contenute. Tuttavia, nessuna di esse può essere considerata "giusta", "vera" o "corrispondente alla realtà". Si tratta esclusivamente di modi di spiegare le cose che, pur essendo sviluppati particolarmente in profondità, sono e rimangono delle interpretazioni. È difficilissimo pronunciarsi sulla loro correttezza o meno. In ultima analisi, argomenti veramente soddisfacenti a favore dell'una o dell'altra teoria, che siano dunque accettabili per un giudizio fondato su queste interpretazioni, possono provenire soltanto da convincenti conferme o smentite sperimentali, ottenute attraverso esperienze che attualmente si cerca di condurre in rapporto a processi di decoerenza.

Come abbiamo potuto constatare, la teoria della decoerenza raccoglie oggi intorno a sè, giustamente, un generale consenso, grazie alle molteplici e impressionanti verifiche sperimentali che si sono accumulate in suo favore. L'interpretazione originale di Copenaghen, di fronte a queste moderne conoscenze, forse non è più da considerare semplicemente una versione *tradizionale* della meccanica quantistica, quanto piuttosto una versione *antiquata*.

Anche al giorno d'oggi, tuttavia, una certa "lacuna", presente nella pura teoria della decoerenza, è all'origine di dissensi all'interno della comunità scientifica. Il problema è infatti che la teoria, se da un lato è notevolmente in grado di spiegare la scomparsa della capacità di interferire, dall'altro, invece, non affronta minimamente la questione di come e perché, tra tutti i singoli stati possibili per un oggetto quantistico (che sono infiniti), ne venga scelto sempre ed esattamente uno solo. Occorre dunque sottolineare bene che anche la teoria della decoerenza non sta in piedi senza uno dei seguenti postulati:

a) un postulato di scelta, simile a quello del collasso, per la riduzione dell'oggetto quantistico a un unico stato, oppure

b) una spiegazione del tipo di quella di Everett, che invoca la semplice realizzazione di tutti gli stati possibili in mondi paralleli.

L'uno o l'altro di questi postulati è necessario, perché se è vero che la cosiddetta *matrice densità*, utilizzata nella descrizione, dopo il processo di decoerenza non contiene più termini di interferenza, è altrettanto vero che essa ammette ancora come leciti tutti i singoli stati alternativi. Per quanto riguarda la domanda se sia a) oppure b) l'alternativa che corrisponde alla realtà fisica, rimandiamo ancora una volta al passo di Erich Joos e Claus Kiefer citato nel secondo paragrafo del capitolo 11, nel quale si afferma che, a causa delle enormi difficoltà che incontra una significativa verifica sperimentale, la faccenda rimane per ora una questione di gusti.

Formulata in maniera un po' provocatoria, la domanda è dunque se sia meglio una teoria che prevede l'esistenza di infiniti mondi paralleli, oppure una teoria fondamentalmente inconsistente che è gravata da postulati ingiustificati.

Se devo essere sincera, ammetto che non mi sento in grado di azzardare un giudizio finale sulla questione; se si considerano le cose in profondità, si tratta di valutare costruzioni teoriche estremamente complesse e vaste e, nella mia posizione, pensare di poterlo fare sarebbe assolutamente presuntuoso.

Da una prospettiva relativamente neutrale e imparziale come la nostra, è davvero divertente osservare come i sostenitori delle rispettive teorie, nelle pubblicazioni e nelle interviste, abbiano cura sempre di non riconoscere all'interpretazione concorrente la capacità di fornire una soluzione accettabile al problema della non esistenza della sovrapposizione su scala macroscopica. Da tutto ciò si ricava l'impressione che in questo dibattito sulle teorie interpretative confluisca anche un pizzico di soggettività e trovino spazio, per quanto marginalmente, intuito e fiducia nelle proprie sensazioni.

Infine, rimane comunque la speranza che esperimenti futuri possano fornire dati convincenti che permettano di prendere decisioni affermative a vantaggio di una di queste molteplici interpretazioni.

14

Il paradosso EPR

Che cos'è il paradosso EPR
e in quale contesto nasce?

La decisa avversione di Einstein nei confronti del principio di indeterminazione di Heisenberg ci è ben nota. Nonostante Bohr, attraverso le puntuali argomentazioni che in parte abbiamo illustrato nel capitolo 9, fosse sempre in grado di difendere la propria teoria dagli attacchi di Einstein, quest'ultimo continuava a non essere disposto ad accettare la pretesa che la meccanica quantistica offrisse una descrizione completa dei processi fisici del microcosmo. Non stupisce dunque il fatto che, nel 1935, Albert Einstein e i suoi colleghi più giovani Boris Podolsky e Nathan Rosen, nella celebre pubblicazione *La descrizione della realtà fisica fatta dalla meccanica quantistica può essere considerata completa?* [1], formularono in proposito un esperimento mentale molto interessante e significativo, noto con il nome di *paradosso di Einstein-Podolsky-Rosen* o, più brevemente, *paradosso EPR*, dalle iniziali dei suoi autori. Si trattava, grazie a un apparato molto ben congegnato, del tentativo di aggirare sperimentalmente la relazione di indeterminazione di Heisenberg che Einstein giudicava soltanto *apparentemente* inevitabile. A questo scopo, i tre autori proposero una serie di idee per eludere in modo elegante il vincolo sulla conoscenza simultanea della quantità di moto e della posizione di un oggetto quantistico,

---

[1] *"Can quantum-mechanical description of physical reality be considered complete?"*. Originalmente apparsa in Phys. Rev. **47**, 777–80 (1935); ristampata, tra l'altro, in J. Wheeler, W. Zurek: *Quantum Theory and Measurement* (Princeton University Press, 1983); p. 137 ss.

dimostrando così – a loro parere – l'indubbia incompletezza della meccanica quantistica. Vista l'importanza e la centralità di questo lavoro, cercheremo in questo capitolo di entrare maggiormente nei dettagli.

In apertura del loro saggio, Einstein, Podolsky e Rosen premisero due definizioni fondamentali, che abbiamo già incontrato nel corso della discussione sul dibattito tra Bohr e Einstein; essendo basilari nell'argomentazione che seguirà, vogliamo riassumerle qui ancora una volta.

La completezza: si dice che una teoria fisica è completa quando ogni elemento della realtà trova in essa una corrispondenza, cioè quando si può associare a ogni elemento della realtà un elemento della teoria.

Il criterio di realtà: una grandezza fisica è reale – cioè fa parte della realtà, ne è un elemento – quando può essere predetta con certezza senza disturbare o alterare il sistema.

Queste definizioni sono fondamentali per capire il punto di vista di Einstein.

A lui e ai suoi due colleghi era ben noto – e anche noi del resto sappiamo – che, secondo la meccanica quantistica, lo stato di una particella, come l'elettrone, viene descritto dalla funzione d'onda ψ, la cui evoluzione temporale può essere calcolata con l'equazione di Schrödinger. Sappiamo anche che, per il principio di indeterminazione di Heisenberg, non è possibile determinare contemporaneamente, con precisione arbitraria, la posizione e la quantità di moto della particella. Dunque, secondo la meccanica quantistica, è semplicemente un dato di fatto che se si misura la quantità di moto dell'elettrone, la sua posizione diventa automaticamente indeterminata. Il processo di misurazione della quantità di moto distrugge la sovrapposizione dello stato dell'elettrone, subentra la riduzione del pacchetto d'onda e ha luogo il collasso della funzione ψ.

Il fatto che sempre una sola delle due grandezze fisiche potesse essere determinata con precisione, portò i tre dichiarati "antiquantistici" alla constatazione che certamente, per quanto riguardava la realtà fisica, rimanevano soltanto due possibilità:

a) la descrizione attraverso la meccanica quantistica è incompleta;

b) le due grandezze fisiche (x e p) non sono contemporaneamente reali.

Ovviamente, almeno una delle due affermazioni doveva per forza essere vera.

Se, nel caso appena citato dell'elettrone, tentassimo comunque di ottenere un'informazione sulla sua reale posizione attraverso una misurazione precisa, provocheremmo necessariamente una notevole alterazione della sua quantità di moto. In accordo con il criterio di realtà di Einstein, se la meccanica quantistica fosse una teoria completa, al contrario cioè di quanto affermato in a), per la b) dovremmo necessariamente concludere che le due grandezze, quantità di moto e posizione di un oggetto quantistico, non possono essere considerate contemporaneamente reali. Questo perché non è possibile misurarle simultaneamente con precisione, visto che la misura dell'una influisce sul valore dell'altra. Dunque, in ogni istante, soltanto una delle due, posizione o quantità di moto, è reale, ma mai entrambe contemporaneamente.

Nonostante questa soluzione del problema riguardante il concetto classico di realtà (di quantità di moto e posizione) sembri inizialmente abbastanza ragionevole, Einstein riteneva errata una simile tesi "a favore" della meccanica quantistica, perché, secondo lui, il ragionamento affrettato non prendeva in considerazione argomenti essenziali e, di conseguenza, la conclusione risultante non era corretta.

Così Einstein sferrò il suo attacco nella magistrale battaglia per la dimostrazione dell'incompletezza della meccanica quantistica tentando proprio di falsificare l'affermazione b). È qui che egli, insieme a Podolsky e Rosen, formulò l'esperimento mentale divenuto celebre successivamente con il nome di *paradosso EPR.*

Com'è fatto l'apparato sperimentale immaginario del paradosso EPR?

Si immagini una particolare sorgente di particelle, in grado – come si può vedere in figura 14.1 – di emettere sempre due particelle, che indicheremo d'ora in poi con A e B, in direzioni diametralmente opposte.

Le due particelle A e B, durante tutta la durata Δt dell'esperimento, non devono avere alcuna possibilità di interagire tra loro.

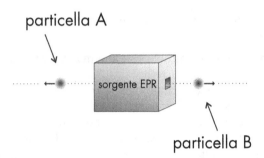

particella A

sorgente EPR

particella B

Fig. 14.1. La sorgente EPR emette sempre due particelle A e B in direzioni opposte

Ciò si può ottenere molto facilmente, visto che, secondo la teoria della relatività speciale, le interazioni non possono per principio avvenire con velocità superiore alla velocità della luce, rappresentando quest'ultima la massima velocità possibile per ogni tipo di trasmissione di informazioni. È possibile garantire l'assenza di interazioni tra A e B nell'intervallo di tempo Δt, se si fa in modo che la distanza Δs tra le due particelle sia sempre maggiore della distanza che la luce può coprire nello stesso intervallo di tempo Δt. La distanza minima Δs tra le particelle nell'intervallo Δt di durata dell'esperimento dovrebbe dunque semplicemente soddisfare l'equazione

$$\Delta s = c \cdot \Delta t, \qquad (14.1)$$

dove c è la velocità della luce.

La condizione (14.1) fa sì che perfino la velocità della luce, che rappresenta la massima velocità possibile per un'interazione, sia troppo lenta per riuscire a trasmettere un qualunque tipo di informazione da A a B. Si parla perciò di *località* delle due particelle A e B. Esse sono localmente isolate l'una dall'altra, e ciò significa che un qualsivoglia evento che interessa la particella A non può influire in alcun modo sulla particella B. Questa è una conclusione necessaria se si ammette senza riserve la teoria della relatività ristretta di Einstein, a sfavore della quale nulla, per il momento, depone.

Lo stato Ψ_{AB} del sistema complessivo (costituito da entrambe le particelle A e B) è noto e la sua evoluzione temporale è deducibile dall'equazione di Schrödinger. I singoli stati delle due particelle sono, al contrario, completamente indeterminati. Soltanto il sistema nel suo complesso è calcolabile dal punto di vista della meccanica quantistica e non lo sono, invece, gli stati singoli delle particelle isolate.

Se tentassimo tuttavia di ricavare gli stati singoli di A e B, distruggeremmo necessariamente lo stato complessivo quantistico Ψ_{AB} e la funzione d'onda subirebbe un cambiamento improvviso. Si giungerebbe dunque al tanto temuto collasso della funzione d'onda. La funzione d'onda Ψ_{AB} riflette dunque il massimo grado di informazione possibile che, dal punto di vista quantistico, si può ottenere sul sistema A + B, o, se si vuole, tutta l'informazione che proprio c'è in quel sistema. Essa costituisce la descrizione completa del sistema quantistico A + B.

Sulla base di queste considerazioni, Einstein & Co. svilupparono le seguenti riflessioni. Se si effettua una misurazione della posizione di A, è chiaro che, dal punto di vista quantistico, non si può più determinare contemporaneamente la quantità di moto di A con la precisione che si vuole. Tuttavia – e questo è il punto centrale – la suddetta misurazione non può avere alcun effetto sulla particella B, almeno all'interno dell'intervallo di tempo Δt di cui sopra, essendo del tutto esclusa ogni forma di interazione tra A e B, a causa della *condizione di località*, garantita dall'equazione (14.1); la località di entrambe le particelle vieta infatti l'esistenza di qualsiasi relazione causale tra A e B. La particella B, allora, non può "sapere" nulla della nostra misurazione *segreta* della quantità di moto di A, almeno entro l'intervallo di tempo Δt (che possiamo naturalmente far cominciare dal momento della misurazione effettuata su A) poiché ogni informazione che deve viaggiare da A a B può raggiungere B tutt'al più dopo che l'intervallo suddetto è trascorso.

Analogamente, è chiaro che durante l'intervallo Δt, all'insaputa di B, è possibile effettuare una misura precisa quanto si vuole della quantità di moto di A senza influenzare B.

La cosa importante qui è che B non possa sapere in anticipo quale decisione prenderemo noi misuratori, se cioè determineremo la posizione o la quantità di moto di A (e così, indirettamente, anche quella di B); questa scelta, infatti, potremo sempre farla arbitrariamente all'ultimo momento, in modo da rendere impossibile la trasmissione a B, in tempo utile, dell'informazione (al più, veloce come la luce: vedere la condizione di località (14.1)). Ma è chiaro che, a causa della *correlazione* tra A e B, dal risultato della misurazione della posizione o della quantità di moto di A ricaviamo anche i corrispondenti valori di B, senza recare a B il minimo disturbo.

Stando al criterio di realtà, tuttavia, ciò significa che tanto la quantità di moto quanto la posizione di B sono reali, e lo sono *contemporaneamente*, perché tutte e due le grandezze devono in qualche modo sussistere nel sistema B già prima della misurazione effettiva, essendo entrambe "evocabili", ugualmente e spontaneamente, senza la necessità – o addirittura la possibilità – di una interazione con A.

Assumendo la completezza della teoria quantistica, nasceva per Einstein il seguente problema: ma come accidenti fa la particella B a sapere se è stata misurata la posizione o la quantità di moto di A, o anche soltanto a sapere se una misurazione è stata fatta, visto che, a causa della separazione causale relativistica, ogni interazione tra le due particelle è impossibile?

Volendo continuare a credere che la meccanica quantistica offriva una descrizione completa dei fenomeni del microcosmo, si era costretti ad ammettere la presenza di uno specialissimo meccanismo di *azione a distanza* che più volte Einstein chiamò con disprezzo "fantomatico". Quest'ultimo doveva spiegare la trasmissione istantanea di informazioni da A a B, qualunque fosse la distanza che li separava, in modo che, in accordo con i principi della meccanica quantistica, al momento della misura fatta su A, le due particelle potessero spontaneamente assumere valori della quantità di moto o della posizione oggettivamente casuali, ma sempre coerenti tra loro. Un simile meccanismo di azione a distanza non solo avrebbe rappresentato un fenomeno completamente nuovo e assolutamente inedito in fisica, ma sarebbe stato anche in contraddizione con la normale esperienza quotidiana e con la stessa intuizione umana del funzionamento della natura.

La conclusione di Einstein è dunque questa: se con la precisione voluta è possibile determinare tanto la quantità di moto quanto la posizione del sistema B, e ciò senza arrecare al sistema stesso alcun disturbo, allora, per il criterio di realtà, entrambe le grandezze fisiche sono reali; l'affermazione b) è dunque negata e, di conseguenza, l'alternativa a) risulta essere vera:

il punto di vista della meccanica quantistica deve essere ritenuto incompleto. Essa non è in grado di rappresentare teoricamente tutte le grandezze fisiche che compaiono nella realtà.

Non è allora più necessario il cambiamento di paradigma operato dalla meccanica quantistica?

Da quanto appena detto si potrebbe effettivamente pensare che il caso sia chiuso: la meccanica quantistica, per quanto possa dispiacere a Heisenberg, Bohr e compagni, è semplicemente incompleta e si tratta soltanto di trovare una migliore teoria completa, in grado di rendere conto anche delle più piccole grandezze fisiche che sono rimaste finora nascoste o, per meglio dire, che non sono ancora state prese in considerazione. La visione classica del mondo avrebbe dunque avuto la meglio sulla discontinua e impenetrabile natura probabilistica della meccanica quantistica. Non resta che metterci alla ricerca di quella più precisa e completa *teoria della variabili nascoste* di cui abbiamo già parlato. Il *mutamento di paradigma*, annunciato con la formulazione di Copenaghen della meccanica quantistica, non sarebbe più necessario: non occorrerebbe affatto rinunciare alla possibilità dell'oggettività, alla località dei sistemi, all'esistenza simultanea delle grandezze cosiddette complementari per un oggetto quantistico, alla stessa fiducia nell'umano buon senso. Diversamente dalla meccanica quantistica, una teoria classica sarebbe in grado di spiegare completamente la realtà attraverso un'integrazione per mezzo di variabili nascoste. Potremmo dunque attenerci alla più confortante *immagine classica del mondo* e metterci alla caccia dei suddetti parametri nascosti.

Per quanto convincenti queste opinioni possano sembrare, occorre cautela: in seguito sarà purtroppo evidente che la faccenda non è così semplice come a prima vista può apparire. Si faccia dunque attenzione a non trarre conclusioni troppo affrettate, soltanto perché la propria momentanea prospettiva, determinata – bisogna ammetterlo – dall'immagine classica del mondo, ci suggerisce di credere di più alla teoria che di volta in volta ci fa sentire di più a nostro agio. Naturalmente non è semplice liberarsi di un'immagine del mondo accettata da lungo tempo e sostituirla con un paradigma epistemologico del tutto nuovo, ma, dopotutto, non sarebbe la prima volta che una simile rivoluzione accade nella scienza.

Un simile cambiamento di paradigma era già stato provocato da Galileo Galilei (1564-1642), il fondatore della scienza moderna, grazie ai suoi metodi innovativi e alle conoscenze raggiunte con essi: con la sua inedita teoria della descrizione della natura per mezzo del linguaggio della matematica, egli aveva spazzato via l'ontologia aristotelica.

Un'immagine del mondo e un paradigma scientifico altrettanto nuovi erano stati introdotti dall'inglese Isaac Newton (1643-1727), che a buon titolo può essere considerato il padre della fisica classica, il quale affermò la nuova visione meccanicistica del mondo non da ultimo attraverso la sua legge di gravitazione universale, valida in cielo come in terra.

E, ironicamente, era stato lo stesso Albert Einstein, tanto avverso all'immagine del mondo portata dalla meccanica quantistica, a rivoluzionare la nostra concezione dello spazio, del tempo e dei sistemi di riferimento assoluti con la formulazione delle *teorie della relatività* ristretta e generale, che decretarono la fine di un'era. Che ironia il fatto che a fronte della propria rivoluzione nella visione del mondo fisico egli non potesse accettare quella scatenata dalla meccanica quantistica!

La meccanica quantistica è davvero incompleta?

Occorre, per prima cosa, porsi le seguenti domande: la disuguaglianza di Heisenberg è davvero da archiviare come una difficoltà tecnica che appartiene al passato? L'indeterminazione quantistica è soltanto il risultato della nostra conoscenza imperfetta delle vere proprietà degli oggetti quantistici dovuta a limiti tecnici? Esistono dunque veramente dei parametri nascosti?

Queste sono forse le più significative e fondamentali domande che si aprono nella fisica dei quanti e che mettono in luce tutto il carattere della meccanica quantistica, così difficile da digerire per il nostro umano buon senso e così lontana dalla nostra esperienza quotidiana. Per farla breve, e rendere la risposta il più possibile indolore, devo purtroppo dirvi che il mondo in cui viviamo è effettivamente così folle che la particella B (come sempre) viene a sapere benissimo se facciamo o no una misura su A. Nel mondo quantistico esiste davvero una oggettiva indeterminazione che non si può aggirare, nemmeno con un apparato sperimentale così ben congegnato. "Un momento!" direte voi. "Ma perché, con tutto quello che depone contro una simile idea (inclusa la rinuncia all'immagine classica del mondo), dovremmo essere così sicuri del fatto che gli oggetti quantistici possiedano, a tratti, proprietà *di per sé* indeterminate?" Questa è un'obiezione assolutamente giustificata e legittima, e vale perciò la pena che indaghiamo più a fondo la difficile questione dell'eventuale esistenza di variabili nascoste.

Meccanica quantistica o teorie delle variabili nascoste?

Se vogliamo operare una distinzione tra la validità di una teoria delle variabili nascoste e la meccanica quantistica, allora si tratta di scovare un particolare esperimento nel quale le previsioni delle due teorie differiscono, in modo che dal risultato effettivamente osservato si possa concludere quale delle teorie è quella corretta. Per questo, nel seguito cercheremo di confrontare una possibile previsione fatta all'interno di una teoria del microcosmo basata su parametri nascosti con quella corrispondente della meccanica quantistica, senza cioè variabili nascoste. È chiaro che se si potesse misurare direttamente uno di questi parametri nascosti, la decisione tra queste due diverse teorie non sarebbe difficile da prendere.

Il fatto è che le variabili nascoste sono state qualificate appunto con l'aggettivo "nascosto", essendo esse, per definizione, quelle eventuali grandezze fisiche che non siamo in grado di misurare direttamente. Volenti o nolenti, dobbiamo abituarci all'idea scomoda che un riconoscimento e una misura diretti di questi parametri non saranno mai possibili. Come abbiamo già accennato, dovremo dunque limitarci a cercare una situazione fisica nella quale esista una differenza misurabile tra le previsioni delle due diverse teorie.

Immagino che, di primo acchito, sia difficile credere che esista la possibilità di distinguere sperimentalmente una teoria che certamente contiene variabili nascoste – che però non possiamo misurare – da una teoria come la meccanica quantistica, che esclude per principio l'esistenza di questi parametri. Come si può infatti decidere se sia più utile una teoria che presuppone l'esistenza di variabili nascoste non misurabili o un'altra che, sempre per principio, le esclude?[2] Che differenza può fare il fatto di pensare che non esistano oppure che, pur esistendo, non possiamo misurarle? Per dirla in altre parole, sarebbe come ricevere una cassetta sigillata e dover scegliere tra una di queste due possibilità:

a) la cassetta non si può aprire perché non avete la chiave che apre la sua serratura;

oppure

b) la cassetta non si può aprire non perché non ci sia la chiave, ma perché non è stata fatta per aprirsi: è sigillata e un'apertura proprio non c'è.

E adesso scegliete pure tra a) o b)! In fin dei conti, l'unica cosa che vi importa è che la cassetta non la potete aprire. Fine. Non si dice se con la chiave sia eventualmente possibile aprirla (occorre comunque tener presente che questa immagine offre soltanto un'analogia molto limitata rispetto al problema che stiamo esponendo e ne illustra solo in parte la complessità).

Allo stesso modo, rispetto alla nostra domanda sull'esistenza o meno delle variabili nascoste, sappiamo soltanto che noi non possiamo misurarle direttamente; la questione se esistano o meno, indipendentemente da ciò, rimane ancora indiscussa.

La domanda che ci tormenta deve dunque essere formulata così: come si dimostra l'esistenza o la non esistenza di un elemento della realtà fisica come le variabili nascoste, in considerazione del fatto che si tratta proprio di entità che a priori, cioè per definizione, non possono essere misurate?

La meccanica quantistica esclude per principio le variabili nascoste?

Dato che lo scopo della presente discussione, e del prossimo capitolo, sarà quello di trovare qualche differenza verificabile speri-

---

[2] Riguardo a questo punto occorrerà fare qualche precisazione, come si vedrà meglio nel prossimo paragrafo.

mentalmente tra la meccanica quantistica e la teoria delle variabili nascoste, non posso e non voglio passare sotto silenzio un fatto ben preciso, cacciandolo, per così dire, sotto il tappeto:

La meccanica quantistica, in linea di principio, non esclude affatto l'esistenza di variabili nascoste!

Ma come? Se, fino a questo momento, non abbiamo fatto altro che presentare la meccanica quantistica e la teoria delle variabili nascoste come due teorie concorrenti, che si escludono a vicenda! E già: come si vede, con la meccanica quantistica le cose non sono mai così semplici come può sembrare. Forse è meglio ricominciare da capo.

Al famoso Congresso Solvay del 1927, proprio in occasione del battesimo dell'interpretazione di Copenaghen, già Louis de Broglie aveva espresso il suo categorico rifiuto della visione della meccanica quantistica di Bohr e Heisenberg. A lui dava talmente fastidio una teoria non locale e non realistica che elaborò una propria teoria quantistica modificata, non locale, ma realistica e deterministica: la cosiddetta *theorie de l'onde pilote*. Questa teoria venne però abbandonata relativamente presto dallo stesso autore e rimase incompiuta, non avendo incontrato un gran consenso presso la comunità scientifica del tempo.

Il 1932 fu un anno decisivo in quanto coincise con la pubblicazione, da parte del matematico John von Neumann (1903–1957), di una ponderosa dimostrazione della sostanziale incompatibilità tra la meccanica quantistica e la teoria delle variabili nascoste. Questo ampio lavoro di von Neumann ebbe pesanti ripercussioni nel mondo scientifico in quanto, inaspettatamente, infranse le speranze, accarezzate da molti fisici insoddisfatti della meccanica quantistica tradizionale, di poterla completare con l'introduzione di parametri nascosti. Nel seguito, le teorie delle variabili nascoste vennero seguite con molto meno entusiasmo e una buona parte dei fisici le abbandonò completamente.

A distanza di circa 25 anni dai contributi di de Broglie, e per nulla intimorito dai lavori di von Neumann, un "lupo solitario" si accinse a costruire una meccanica quantistica realistica e non locale, con variabili nascoste: si trattava di David Bohm (1917–1992). Egli ideò una teoria precisa e consistente, in grado di fare le stesse previsioni della teoria tradizionale. La nuova *meccanica di Bohm*, tuttavia, rappresentava una dinamica realistica e deterministica.

Inizialmente, la meccanica di Bohm faticò a guadagnarsi il consenso dei fisici più autorevoli e a venire accettata come una teoria seria e autonoma; più spesso veniva sordamente derisa ed era considerata soltanto una sorta di "minestra riscaldata": un riadattamento artificiale della *theorie de l'onde pilote* di de Broglie. Fu soprattutto da parte di Einstein, Heisenberg e altre figure centrali nel panorama della fisica del tempo, che essa ricevette, per i motivi più disparati, le più vivaci critiche. Ciononostante, dall'idea di Bohm di una meccanica quantistica con variabili nascoste si sviluppò una teoria fisica alternativa consistente e da prendere sul serio.

Davanti a questa possibilità di definire in linea di principio una meccanica quantistica estesa per mezzo di variabili nascoste nel contesto di una teoria realistica non locale, occorre però sottolineare con estrema chiarezza che, per evitare un conflitto tra definizioni, quando nel seguito del libro parleremo di teorie delle variabili nascoste, intenderemo sempre *teorie delle variabili nascoste locali e realistiche*, le quali, in fondo, sono di fatto inconciliabili con la meccanica quantistica non locale e non realistica. La meccanica quantistica modificata profondamente per la prima volta da Bohm – una *teoria non locale e realistica delle variabili nascoste* – verrà nel seguito indicata *per definitionem* col nome di *meccanica di Bohm*.

Come è costruita la meccanica di Bohm?

Una volta sviluppata nei dettagli, la meccanica di Bohm estende la ben nota ed efficace equazione di Schrödinger rendendola paragonabile alle *equazioni del moto* di un dato oggetto quantistico rispetto a un sistema di riferimento. Le equazioni del moto sono da intendere qui nel senso classico: esse cioè consentono di assegnare una posizione concreta all'oggetto in questione per ogni arbitrario istante di tempo. La teoria di Bohm consiste dunque in una descrizione deterministica del microcosmo e l'indeterminazione di Heisenberg viene aggirata elegantemente attraverso l'introduzione di variabili nascoste grazie all'equazione del moto. Non riteniamo opportuno addentrarci qui nei dettagli matematici precisi; sia solo detto che la citata equazione del moto viene anche chiamata *guiding equation* o, in italiano, *onda pilota*.

Una conseguenza di questo determinismo è il fatto che il processo di misura, così centrale nella visione di Copenaghen, perde ora tutta la sua importanza. Non rappresenta più una riduzione di stato, ma assume il ruolo di una normale misura classica oggettiva, senza collassi istantanei. Si potrebbe dunque vedere la meccanica di Bohm come una sorta di meccanica quantistica completata, ripulita del tutto – almeno dal punto di vista classico – da quell' antiestetico "fardello" di casualità e indeterminazione costituito dalla presenza del caso oggettivo, della relazione di indeterminazione di Heisenberg, del collasso della funzione d'onda, del principio della complementarità ecc.

Tuttavia, per quanto questa liberazione dal peso dell'interpretazione ortodossa della meccanica quantistica dovesse dare un raggio di speranza a tutti quei fisici che, come Einstein, non simpatizzavano per la meccanica quantistica, l'entusiasmo da parte del mondo scientifico, come abbiamo già avuto modo di dire, fu piuttosto tiepido.

Ancora al giorno d'oggi, la meccanica di Bohm non riscuote una grandissima simpatia tra gli specialisti. Allo stesso modo, essa non ha trovato un posto stabile nei programmi universitari, tra i canoni della fisica quantistica. John Bell ha criticato una volta questo fatto con le seguenti, azzeccate parole:

> Questa teoria è equivalente dal punto di vista sperimentale all'ordinaria meccanica quantistica non-relativistica – ed è razionale, chiara, esatta, in accordo con gli esperimenti e io penso che sia uno scandalo che agli studenti di essa non si parli. Perché non se ne parla? Devo immaginare che ci siano qui principalmente ragioni storiche, ma una delle ragioni è sicuramente il fatto che questa teoria elimina tutto il romanzesco dalla meccanica quantistica.[3]

Questa motivazione non è certo di quelle che ci si aspetterebbe di incontrare in una scienza razionale come la fisica: non si era

[3] *"This theory is equivalent experimentally to ordinary nonrelativistic quantum mechanics – and it is rational, it is clear, and it is exact and it agrees with experiment, and I think it is a scandal that students are not told about it. Why are they not told about it? I have to guess here there are mainly historical reasons, but one of the reasons is surely that this theory takes almost all the romance out of quantum mechanics"*. O. Passon: *Bohmsche Mechanik* (Harri Deutsch, 2004); p. 14; pubblicato originalmente in: A. Petersen: *Niels Bohr: a centenary volume* (Harvard University Press, 1985); p. 305.

mai sentito che il romanzesco o l'alone fantastico fossero criteri attendibili nel valutare le teorie fisiche. Tuttavia, non si può negare che nel caso della meccanica di Bohm intervenga una certa demistificazione del mondo quantistico attraverso l'esistenza di variabili nascoste. Se il microcosmo fosse misterioso soltanto perché riposto e celato, ma fosse comunque puramente deterministico e, di conseguenza, il caso oggettivo non esistesse, allora la meccanica quantistica perderebbe tutto il suo fascino perché il suo carattere curioso, affascinante e sempre stupefacente sarebbe causato solamente dall'incompletezza della descrizione.

Questa possibilità deve spaventare a tal punto ogni fisico che in vita sua sia stato conquistato proprio dalla sottile e astratta stravaganza della meccanica quantistica, da far sì che la meccanica di Bohm – nonostante la sua notevole consistenza e le capacità di previsione – non incontri molta attenzione, ma venga di solito declassata al rango di una sorta di alternativa estrema, meno significativa e meno probabile[4].

---

[4] Una critica oggettiva e legittima alla meccanica di Bohm potrebbe comunque essere quella che una generalizzazione di questa teoria nella direzione di una teoria quantistica dei campi (cfr. cap. 17) si rivelerebbe estremamente difficile.

15

La disuguaglianza di Bell

È possibile una verifica sperimentale dell'esistenza delle variabili nascoste?

Dobbiamo ammetterlo: di fronte ai contributi ineguagliabili di Bohr e Einstein non si può che provare una certa soggezione e, non da ultimo, ricordiamo ancora proprio il loro sottile e stimolante dibattito. Tuttavia, agli occhi dello scienziato critico, il fatto che in fin dei conti queste fondamentali discussioni siano rimaste di natura esclusivamente teorica e filosofica, non è soddisfacente del tutto. Bohr e Einstein hanno discusso di esperimenti puramente ideali: dalla versione di Einstein dell'esperimento della doppia fenditura, all'esperimento EPR; per quanto fossero ben congegnati e concettualmente accuratissimi, si trattava pur sempre di costruzioni mentali.

Come lo stesso Einstein spesso sottolineava, il banco di prova di ogni teoria resta sempre e comunque l'*esperimento*, quello vero, realmente condotto. Difatti, quando si tratta di decidere tra due teorie alternative di per sé completamente consistenti come lo sono quelle di Einstein e Bohr, si può dare un giudizio sull'applicabilità dell'una o dell'altra soltanto attraverso l'esecuzione di un esperimento reale. Abbiamo tuttavia già potuto toccare con mano quanto sia difficile questo proposito – per non dire addirittura impossibile – nel caso della questione dell'esistenza o meno delle variabili nascoste.

Alla luce di tutto ciò, è naturalmente sorprendente, se non perfino straordinario, che l'abile e creativo fisico irlandese John Bell (1928–1990) sia riuscito a superare proprio questa apparente impossibilità. Egli riuscì infatti a individuare un caso speciale nel quale si sarebbe prodotta una differenza quantitativa tra le previsioni della teoria delle variabili nascoste e quelle della meccanica quantistica. La relazione matematica che descrive questo fenomeno porta il nome del suo scopritore e viene chiamata *disuguaglianza di Bell*. Il nostro scopo, nel seguito, sarà proprio quello di chiarire in che cosa consiste questa differenza, verificabile sperimentalmente, tra le due teorie concorrenti. Con il senno di poi, l'impresa non sembrerà poi così difficile, ma in realtà arrivare per primi a una simile formula costituisce davvero un risultato geniale.

Il tipo di esperimento EPR impiegato per le ricerche da Bell deriva essenzialmente da una proposta di David Bohm ed è certamente equivalente all'idea originale di Einstein dal punto di vista dei principi fondamentali su cui si basa, ma costituisce di per sé una specie di variazione sul tema della versione EPR originale. Non si tratta più, in particolare, della determinazione simultanea – o dell'esistenza simultanea – della quantità di moto e della posizione di un oggetto quantistico, come nel caso dell'idea primaria di Einstein, Podolsky e Rosen, ma di stabilire un'altra proprietà quantistica, detta *spin*.

Che cos'è lo spin di una particella?

Per chiarire questo concetto con un'analogia, spesso lo spin viene paragonato al momento della quantità di moto o momento angolare di un oggetto macroscopico: così come la terra gira continuamente attorno al suo asse, anche le particelle atomiche e subatomiche possiedono una proprietà quantistica confrontabile col momento angolare della terra. Vi prego tuttavia di ricordare che si tratta soltanto di un disperato tentativo di stabilire un confronto con fenomeni al nostro ordine di grandezza. È una semplificazione molto drastica e brutale del concetto quantistico, ma all'inizio è utile per capire.

Lo spin di una particella assume valori che sono sempre multipli interi o semi-interi (cioè 0, $\pm 1/2$, ± 1, $\pm 3/2$, . . .) di $\hbar$, la costante di Planck divisa per 2π, ed è di conseguenza quantizzato (come del resto altre grandezze in meccanica quantistica), cosa che rende subito evidenti i limiti dell'analogia con il momento della quantità di moto classico.

Un elettrone, per esempio, possiede generalmente spin $s = +1/2$ oppure $s = -1/2$. Il segno di s dice qual è il verso dello spin della particella, trattandosi, esattamente come il momento angolare, di una grandezza vettoriale che è caratterizzata da modulo, direzione e verso. Se, per esempio, si misura la componente dello spin lungo la direzione dell'asse x, il valore $s_x = +1/2$ significa che questa componente è diretta secondo il verso positivo dell'asse stesso, mentre il valore $s_x = -1/2$ significa che, al contrario, essa punta in direzione opposta. Per ciascuno dei tre assi spaziali (o per qualunque altro asse arbitrario), è dunque possibile stabilire un segno della componente dello spin di una qualsiasi particella in quella direzione.

La misurazione dello spin di una particella viene generalmente effettuata con l'apparato sperimentale di *Stern-Gerlach*. Questo strumento, per dirla in breve, consente di ottenere un'informazione sul verso dello spin di una particella in una particolare direzione dello spazio, sfruttando la deviazione subita dalla particella stessa nell'attraversare un campo magnetico non omogeneo. Con riferimento alla figura 15.1, se la particella che attraversa il campo magnetico viene per esempio deviata verso l'alto, allora sappiamo che la componente del suo spin in direzione dell'asse z doveva essere positiva (caso 1: spin verso l'alto), mentre se viene deviata verso il basso, la componente del suo spin in direzione dell'asse z doveva invece essere negativa (caso 2: spin verso il basso).

Naturalmente, sono sufficienti nozioni primitive di magnetismo per capire che è impossibile misurare contemporaneamente

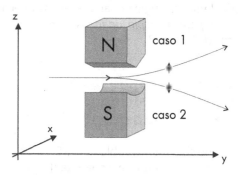

Fig. 15.1. L'esperimento di Stern-Gerlach per la misura dell'orientazione dello spin

la componente dello spin di una particella lungo più di un asse.

Non si riuscirà mai, per esempio, a misurare simultaneamente le componenti dello spin lungo l'asse y e lungo l'asse z perché gli apparati sperimentali necessari a queste misure si escludono a vicenda. I due campi magnetici, sovrapponendosi, si sommerebbero vettorialmente dando vita a un nuovo campo magnetico risultante, il che permetterebbe al massimo di stabilire ancora una sola componente dello spin: quella lungo il nuovo asse risultante. Dunque, per motivi esclusivamente tecnici e sperimentali, in ogni istante di tempo non si può mai misurare più di una componente dello spin in qualche direzione.

Queste parole dovrebbero ormai giungere familiari alle nostre orecchie, a causa della loro inconfondibile somiglianza con la relazione di indeterminazione di Heisenberg. Là si trattava dell'impossibilità di determinare contemporaneamente posizione e quantità di moto di un oggetto quantistico, mentre qui si tratta dell'analoga impossibilità di misurare l'orientazione dello spin in più direzioni, visto che gli apparati di misura si escludono a vicenda. La domanda sull'esistenza simultanea di componenti di spin in più direzioni di misura e la domanda sull'esistenza simultanea di posizione e quantità di moto di un oggetto quantistico, sono sostanzialmente equivalenti.

Risulta dunque che tutta la discussione su posizione e quantità di moto nel paradosso EPR può essere sostituita da quella sulla misurazione simultanea della componente dello spin in direzioni diverse, vista l'equivalenza del principio di misurazione dello spin con la questione formulata nel saggio EPR. La domanda corrispondente alla problematica originale sarebbe adesso, nel nostro nuovo contesto: *componenti di spin lungo assi diversi sono simultaneamente elementi della realtà?*

Misurare lo spin secondo le teorie delle variabili nascoste oppure secondo la meccanica quantistica?

Ora che sappiamo che l'intera problematica EPR può essere riferita non solo alla misura di posizione e quantità di moto di un oggetto quantistico, ma anche a quella delle componenti del suo spin in direzioni diverse, dobbiamo per un momento considerare più

178

Il bizzarro mondo dei quanti

da vicino il processo specifico di misura di quest'ultima grandezza. Per trovare una differenza che sia verificabile sperimentalmente tra le teorie delle variabili nascoste e la meccanica quantistica, dobbiamo per prima cosa capire le differenze fondamentali tra queste due teorie rispetto al processo di misurazione dello spin di un oggetto quantistico.

Conosciamo già, dai capitoli precedenti sul dibattito tra Bohr e Einstein e sul paradosso EPR, qual è in generale la fondamentale differenza tra le due impostazioni. Secondo le teorie delle variabili nascoste esiste soltanto il *caso soggettivo*, dovuto alla nostra ignoranza delle grandezze fisiche che, pur essendo ignote, esistono però realmente. Al contrario, la meccanica quantistica, attraverso il meccanismo del collasso spontaneo della funzione d'onda e la non esistenza di variabili nascoste, postula l'esistenza del *caso oggettivo* e abroga il principio di causalità.

E va bene, fin qui tutto è chiaro. Ma che differenza teorica si dovrebbe mai produrre tra le previsioni delle due teorie riguardo la misura di una qualsiasi componente di spin di una particella? Per rispondere a questa domanda, immaginiamoci ancora una volta un oggetto quantistico che attraversa un campo magnetico non omogeneo perpendicolarmente alle sue linee di forza, come si vede in figura 15.1; conduciamo, in altre parole, l'esperimento di Stern-Gerlach. Che cosa dicono le previsioni fatte dalle due diverse teorie?

Previsione della meccanica quantistica

Secondo la meccanica quantistica, la particella non possiede proprio una particolare direzione dello spin, finché questo non viene misurato. Inizialmente essa si trova (a seconda della preparazione) nella sovrapposizione di molteplici orientazioni possibili di spin, per non dire addirittura infinite. Nella notazione di Dirac, lo stato quantistico *sovrapposto* della particella si scrive dunque così:

$$|\Psi\rangle = a\,|\!\uparrow\rangle + b\,|\!\downarrow\rangle \,, \tag{15.1}$$

dove la freccina in su o in giù indica, rispettivamente, il singolo sotto-stato in cui l'orientazione dello spin è verso l'alto e quello in cui l'orientazione è verso il basso; i fattori *a* e *b* sono due numeri (in genere complessi) che per ora possiamo trascurare. Lo stato sovrapposto complessivo della particella si ottiene allora dalla somma dei singoli sotto-stati (cfr. cap. 12). Lo spin della particella assumerà un valore concreto – verso l'alto o verso il basso – soltanto nell'istante della sua misurazione. Dal punto di vista della meccanica quantistica, tuttavia, la scelta dell'orientazione in seguito al processo di misura avviene in modo oggettivamente casuale, perché non ci sono altre grandezze fisiche o proprietà della particella che possono influire sul risultato. Nello stato originale sovrapposto della particella non si può rintracciare alcun indizio a favore di una specifica direzione dello spin. L'orientazione assunta spontaneamente al momento della misura può soltanto essere prevista probabilisticamente, calcolandone appunto la probabilità $|\Psi|^2$ a partire dalla funzione d'onda della particella (qui i risultati possibili sono, rispettivamente, $|a|^2$ oppure $|b|^2$). Il suo valore concreto, invece, è obiettivamente indeterminato.

Previsione delle teorie delle variabili nascoste

Al contrario di quanto affermato dalla meccanica quantistica, le teorie delle variabili nascoste sostengono che l'orientazione dello spin che si ricava dalla misurazione era stabilita già dall'inizio, essendo una proprietà reale e oggettiva dell'oggetto quantistico, fin dal momento della sua preparazione. Una particella possiede senz'altro una ben precisa informazione sull'orientazione dello spin, prima ancora che questo sia misurato. Lo spin viene definito da variabili nascoste che non sono direttamente misurabili, ma sono però in grado di determinarlo.

Il collasso della funzione d'onda è dunque, da questo punto di vista, un fenomeno puramente apparente, dovuto all'ignoranza dei valori delle variabili nascoste. La probabilità $|\Psi|^2$ della meccanica quantistica viene considerata, di conseguenza, come un dato puramente statistico, in quanto la componente dello spin di una particella non viene stabilita casualmente all'atto della misurazione, ma possiede già un determinato valore ben prima che questa avvenga.

Bene, queste sono le diverse affermazioni fatte all'interno delle due teorie. Tornando alla domanda su quale sia la differenza tra le loro previsioni rispetto all'esperimento di figura 15.1, dobbiamo purtroppo ammettere che non c'è alcuna differenza: entrambe prevedono una probabilità di deviazione della particella, verso l'alto o verso il basso, del 50%.

$$P_{su} = \frac{1}{2} \quad e \quad P_{giù} = \frac{1}{2}.$$

In questo esempio estremamente semplice, risolvere l'equazione di Schrödinger per ottenere la previsione è chiaramente superfluo, perché alla fine esistono solamente le due alternative equivalenti "spin in su" e "spin in giù", entrambe associate a una probabilità di $1/2$. La matematica che sta dietro al risultato, tuttavia, è sempre la stessa: il quadrato del valore assoluto della funzione d'onda, soluzione dell'equazione di Schrödinger, fornisce la probabilità della deviazione della particella verso l'alto o verso il basso.

Se si tratta di misurare una sola componente dello spin, così come nel caso della misura della sola posizione o della sola quantità di moto della particella, non sussiste dunque alcuna differenza sperimentale tra le teorie delle variabili nascoste e la meccanica quantistica.

Conformemente a ciò, appare ancora più dubbia la possibilità che prima o poi si origini una differenza nelle previsioni, visto che finora non si è trovato niente di verificabile sperimentalmente e il dibattito è rimasto sostanzialmente di natura filosofica. Per questo, per l'evidente genialità di Bell nello scovare una differenza laddove – bisogna ammetterlo – proprio non se ne vede alcuna, vogliamo dedicarci ora all'esperimento EPR di Bohm, per ricavare, sulle orme di Bell, la disuguaglianza che porta il suo nome.

Com'è fatto l'esperimento EPR di Bohm?

Il principio alla base della versione di Bohm dell'esperimento EPR è sostanzialmente il medesimo dell'idea originale di Einstein.

Al centro dell'apparato sperimentale c'è di nuovo la sorgente EPR, che questa volta, tuttavia, ospita particelle aventi originalmente spin $s = 0$. Queste particelle possono poi scindersi in due particelle A e B più piccole, dotate di spin $s = 1/2$. La somma degli spin di A e B deve naturalmente uguagliare lo spin della particella originaria e dunque, nel nostro caso, essere zero. Dal punto di vista della meccanica quantistica, lo stato di una coppia di particelle A e B generate in questo modo può essere descritto come segue. Lo stato di un qualunque sistema composto, relativo a diversi oggetti quantistici, e costituito dai due sottosistemi 1 e 2, aventi stati $|\Psi_1\rangle$ e $|\Psi_2\rangle$ rispettivamente, è dato dal prodotto dei singoli stati componenti. Nella notazione di Dirac, lo *stato risultante* si esprime cioè così:

$$|\Psi\rangle = |\Psi_1\rangle \cdot |\Psi_2\rangle \,. \qquad (15.2)$$

Il nostro caso è tuttavia speciale, perché le particelle A e B, dal punto di vista quantistico, non si possono affatto considerare sistemi isolati, tra loro indipendenti, poiché i loro stati sono quantisticamente correlati. Il fatto che lo spin totale debba essere necessariamente uguale a zero fa sì che la misura dell'orientazione dello spin della particella A permetta di risalire immediatamente allo stato dello spin di B. Se dalla misura ottenessimo, per esempio, uno spin di A verso l'alto, concluderemmo all'istante che quello di B è diretto verso il basso.

Un tale sistema complessivo, composto dalle particelle A e B, si trova di conseguenza nella sovrapposizione di due possibili sottostati: "la particella A ha spin diretto verso l'alto e la particella B ha spin diretto verso il basso" e "la particella A ha spin diretto verso il basso e la particella B ha spin diretto verso l'alto". In forma più compatta, i due possibili sotto-stati del sistema complessivo, secondo la (15.2), si possono scrivere come $|\uparrow\rangle_A |\downarrow\rangle_B$ e $|\downarrow\rangle_A |\uparrow\rangle_B$ (da qui si può già apprezzare quanto comoda sia la notazione di Dirac!). Gli stati di A e B sono collegati tra loro al punto che non è più possibile separarli (e si parla infatti anche di *non-separabilità* delle due particelle); si origina invece un cosiddetto *stato entangled*, avente la forma

$$|\Psi\rangle = \frac{1}{\sqrt{2}} \left(|\uparrow\rangle_A |\downarrow\rangle_B - |\downarrow\rangle_A |\uparrow\rangle_B \right) \,. \qquad (15.3)$$

Il fattore $1/\sqrt{2}$ che compare in questa formula è lo stesso che abbiamo incontrato nel capitolo sul paradosso del gatto di Schrödinger ed emerge nel caso speciale di due ampiezze di probabilità uguali, cioè quando $a = b$. Di solito, gli indici a destra in basso nel *ket* vengono tralasciati e tutto si può riscrivere più brevemente nella forma:

$$|\Psi\rangle = \frac{1}{\sqrt{2}}\left(|\uparrow\rangle\,|\downarrow\rangle - |\downarrow\rangle\,|\uparrow\rangle\right). \qquad (15.4)$$

Il concetto di *entanglement* fece la sua prima comparsa in scena proprio nel lavoro fondamentale di Schrödinger *La situazione attuale nella meccanica quantistica*[1] (nel quale è contenuta anche la celebre discussione del paradosso del gatto). Detto in breve, questo speciale stato quantistico significa in concreto che la particella B, nell'istante stesso in cui viene effettuata una misura dell'orientazione dello spin della particella A, assume immediatamente il valore dello spin opposto e tutto ciò senza che sia avvenuto il minimo scambio di informazioni tra A e B (cfr. la *condizione di località* (14.1)) e senza che le particelle avessero, prima della misura, un valore dello spin stabilito.

Che questo principio non sia esattamente la cosa più chiara e comprensibile al mondo, direi che è evidente a tutti. Ciononostante, colpisce il fatto che l'improvvisa assunzione da parte di B di una proprietà quantistica – come nel nostro caso l'orientazione dello spin (e cioè esattamente l'orientazione opposta rispetto ad A) – avvenga per prima cosa istantaneamente, nel momento stesso in cui viene effettuata la misura su A e, secondariamente, che avvenga a prescindere dalla distanza che separa A da B. Nel nostro mondo macroscopico non è possibile trovare alcun fenomeno analogo a questo incomprensibile entanglement quantistico. Si tratta di un effetto puramente quantistico, non direttamente rilevabile alla nostra scala.

Non meraviglia dunque affatto che perfino i più competenti e geniali fisici, come Einstein, che di sé diceva di "confidare nell'intuizione", non potessero familiarizzare con i principi della meccanica quantistica. Tutti questi paradossi e queste contraddizioni tra la teoria della meccanica quantistica e l'umano buon senso devono semplicemente essere accettati così? A fronte di queste incertezze, lasciate ora che enunciamo le previsioni concrete delle teo-

---

[1] *"Die gegenwärtige Situation in der Quantenmechanik"*, pubblicato originalmente in *Die Naturwissenschaften* **23**, 48 (1935); ristampato, tra l'altro, in E. Schrödinger: *Beiträge zur Quantentheorie*, Gesammelte Abhandlungen, Vol. 3; p. 484 ss. Il termine usato qui da Schrödinger è *"Verschränkung"*, che non viene tradotto in italiano, preferendo la versione inglese.

rie delle variabili nascoste riguardo alla versione dell'esperimento EPR di Bohm, in modo da poterle successivamente verificare in un esperimento reale.

Quali sono le previsioni delle teorie delle variabili nascoste?

Secondo ogni teoria con variabili nascoste, l'entanglement quantistico è soltanto un fenomeno apparente. A e B non assumono spontaneamente e casualmente i loro valori di spin nell'istante stesso della misura, ma li possiedono, con orientazioni opposte, già dal momento della loro separazione nella sorgente EPR. Di conseguenza, non si pone affatto la domanda su come B, attraverso chissà quale misterioso canale quantistico, riesca a ottenere l'informazione sulla polarizzazione di A, indipendentemente dalla distanza che li separa e tutto ciò, nota bene, senza il minimo ritardo temporale. Al contrario dunque della meccanica quantistica, secondo le classiche teorie delle variabili nascoste, la componente dello spin di una particella lungo qualsiasi direzione dello spazio è con certezza univocamente ben determinata in qualsiasi istante di tempo.

Per questo, nel gergo specialistico, le teorie con variabili nascoste vengono anche dette *teorie locali e realistiche*. Esse assumono, da un lato, la validità del *principio di località*, cioè sostengono che l'influsso di A non può avere alcun effetto sullo stato localmente separato di B, e, dall'altro, ammettono la correttezza del *criterio di realtà*, secondo il quale ogni grandezza fisica è un elemento della realtà se e solo se essa esiste oggettivamente, indipendentemente dall'osservatore e può essere misurata senza interferenza di quest'ultimo. Come sappiamo, nessuno di questi due principi vale per la meccanica quantistica, motivo per cui essa viene anche detta una *teoria non locale e non realistica*. Il fenomeno dell'entanglement, così indigesto per la nostra umana comprensione, da un punto di vista locale e realistico, sarebbe perciò considerato un'assunzione errata.

Per delimitare meglio le cose, vorremmo nominare ancora una volta in questo contesto la meccanica di Bohm, che si differenzia da entrambe queste teorie standard, essendo in conclusione una teoria *non locale*, ma *realistica*. Poiché quest'ultima, nonostante l'assunzione di variabili nascoste da un lato e del realismo fisico dall'altro, fornisce sempre esattamente le stesse previsioni della meccanica quantistica non locale e non realistica, essa non tocca in alcun modo la discussione in corso sul confronto tra le teorie locali e realistiche delle variabili nascoste e la meccanica quantistica. Per questo motivo, nel seguito tralasceremo volontariamente di parlarne, salvo poi riprenderla di nuovo alla fine.

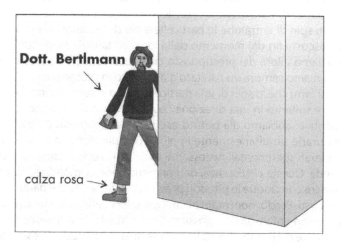

Fig. 15.2. Il dott. Bertlmann che svolta l'angolo con calze di diverso colore

Per chiarire la situazione in proposito, Bell formulò il paradosso delle *calze di Bertlmann*. Si immagini un professore di nome dott. Bertlmann[2], a cui piace indossare sempre due calze di colori diversi tra loro. Mai lo vedrete con due calze dello stesso colore. Sotto questa condizione, che rappresenta una *correlazione* puramente *classica*, non suscita alcuna perplessità il fatto che se per caso si vedesse Bertlmann arrivare svoltando l'angolo (vedere fig. 15.2) e si scorgesse una calza rosa al suo piede destro, allora si saprebbe istantaneamente che al piede sinistro deve esserci una calza non rosa.

---

[2] Sia detto per inciso che Reinhold Bertlmann esiste davvero, è professore di fisica quantistica ed era un buon amico di Bell.

Tutto ciò non è problematico, per il fatto che questa correlazione classica avviene senza la trasmissione di informazione da un piede all'altro, in quanto il colore delle calze era stabilito fin dall'inizio: era stato infatti deciso da Bertlmann quel mattino, quando si era vestito ($\approx$ sorgente EPR), e non deve dunque determinarsi spontaneamente lì per lì, nel momento in cui lo vediamo comparire all'angolo ($\approx$ misurazione).

Analogamente, nel caso dell'esperimento EPR in questione, da un punto di vista locale e realistico, si può dire che l'orientazione dello spin di entrambe le particelle è già determinato da variabili nascoste fin dal momento della loro uscita dalla sorgente EPR. Partiamo allora dal presupposto che, se misuriamo lo spin di A, otteniamo sempre un risultato già stabilito in precedenza.

Il fatto che lo spin di una particella possa essere misurato sempre e soltanto in una direzione costituisce una limitazione sperimentale: abbiamo già potuto capire, infatti, che non è possibile misurarlo simultaneamente in più di una direzione, in quanto gli apparati sperimentali necessari si escludono reciprocamente a vicenda. Questa circostanza, naturalmente, non ci impedisce di formulare comunque le ulteriori previsioni delle teorie dei parametri nascosti. Perciò, nonostante l'impossibilità di effettuare una verifica sperimentale diretta, possiamo ugualmente assumere, coerentemente col punto di vista locale e realistico, che tuttavia esistano simultaneamente componenti di spin in direzioni diverse.

Definiamo allora tre assi spaziali: x, y e z e disponiamo la sorgente EPR in modo che le particelle A e B vengano emesse in direzione dell'asse y (vedere fig. 15.3). Immaginiamo di misurare per prima cosa lo spin di A nella direzione dell'asse z. Se la particella viene deviata verso l'alto, sappiamo che la componente del suo spin era diretta secondo il verso positivo dell'asse z e quella di B secondo il verso negativo. Indichiamo questo risultato con la notazione $(z+;z-)$. Nel caso opposto il risultato sarebbe $(z-;z+)$. Gli esiti possibili della misurazione dell'orientazione della componente dello spin lungo un asse, dunque, sono soltanto due, come avevamo già avuto modo di notare molto presto.

Facciamo adesso un passo avanti e immaginiamo – nonostante le difficoltà tecniche che questo proposto solleva sperimentalmente – quali sarebbero i casi possibili per l'orientazione delle componenti dello spin lungo due assi, che potrebbero per esempio essere l'asse z e l'asse x. All'interno della teoria delle variabili

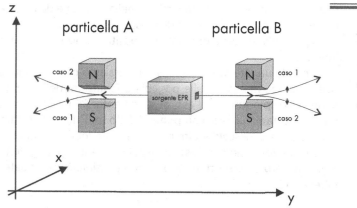

Fig. 15.3. L'esperimento EPR di Bell, secondo le teorie delle variabili nascoste

nascoste, questa idea non crea alcun problema, perché qui le particelle possiedono le loro proprietà *oggettivamente* e indipendentemente da un'eventuale misura e lo spin è una di queste proprietà. Con due assi si originano dunque 2^2, cioè 4 possibilità per l'orientazione delle componenti dello spin, che sono elencate nella tabella 15.1.

I valori da N_1 a N_4 rappresentano il numero di volte in cui, in una serie di esperimenti ripetuti (in tutto, esattamente $N_{tot} = N_1 + N_2 + N_3 + N_4$ volte), si ottiene il risultato scritto di fianco a destra. Il numero N_3, per esempio, dice quante delle N_{tot} coppie di particelle misurate erano tali che la particella A aveva una componen-

Tabella 15.1. Possibili orientazioni dello spin secondo le teorie locali e realistiche

Numero	Particella A	Particella B
N_1	$x + z+$	$x - z-$
N_2	$x + z-$	$x - z+$
N_3	$x - z+$	$x + z-$
N_4	$x - z-$	$x + z+$

te dello spin orientata negativamente nella direzione dell'asse x e positivamente nella direzione dell'asse z, e, corrispondentemente, la particella B aveva orientazione positiva lungo x e negativa lungo z.

Facendo un ulteriore passo avanti, possiamo produrre una tabella analoga nel caso delle possibili orientazioni delle componenti dello spin lungo tre assi di riferimento. E i tre assi lungo i quali l'orientazione delle componenti dello spin viene determinata possono essere scelti arbitrariamente, prendendone per esempio tre che formano con l'asse z, rispettivamente, gli angoli α, β e γ. In questo caso si ottengono $2^3 = 8$ possibilità, catalogate in tabella 15.2.

Tabella 15.2. Possibili orientazioni dello spin secondo le teorie locali e realistiche

Numero	Particella A	Particella B
N_1	$\alpha + \beta + \gamma+$	$\alpha - \beta - \gamma-$
N_2	$\alpha + \beta + \gamma-$	$\alpha - \beta - \gamma+$
N_3	$\alpha + \beta - \gamma+$	$\alpha - \beta + \gamma-$
N_4	$\alpha - \beta + \gamma+$	$\alpha + \beta - \gamma-$
N_5	$\alpha + \beta - \gamma-$	$\alpha - \beta + \gamma+$
N_6	$\alpha - \beta + \gamma-$	$\alpha + \beta - \gamma+$
N_7	$\alpha - \beta - \gamma+$	$\alpha + \beta + \gamma-$
N_8	$\alpha - \beta - \gamma-$	$\alpha + \beta + \gamma+$

Come avviene la verifica sperimentale delle previsioni?

Le due tabelle saranno anche interessanti, ma rimane la domanda su come si possa allestire una verifica sperimentale della validità delle teorie delle variabili nascoste, visto che di fatto si può misurare soltanto una sola componente dello spin. Sono state riflessioni puramente teoriche, sviluppate dal punto di vista di queste teorie, a portarci a questi risultati e volutamente abbiamo tralasciato il fatto che non li avremmo mai verificati sperimentalmente, per motivi esclusivamente tecnici.

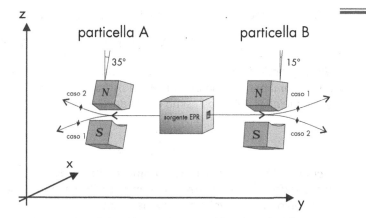

Fig. 15.4. L'esperimento EPR di Bell secondo le teorie delle variabili nascoste: in questo esempio, con gli angoli di misura γ su A e β su B

Bene, tutto ciò è vero, ma disponiamo pur sempre di *due* particelle, che possiamo sottoporre alla misura di una componente di spin ciascuna. Essendo poi le componenti dello spin di A e B correlate, dalla misura fatta su una particella in una direzione, conosciamo anche il risultato relativo all'altra particella, senza bisogno di misurarla direttamente.

Nell'ambito delle teorie delle variabili nascoste, in linea di principio, è dunque possibile costruire un esperimento EPR nel quale la particella A viene sottoposta alla misura dello spin lungo l'asse α e la particella B a un'analoga misura lungo l'asse β, in modo da conoscere contemporaneamente anche le orientazioni dello spin di ogni particella nella direzione lungo la quale non è stata effettuata una misura diretta. In figura 15.4 è rappresentato l'esempio di un esperimento con i possibili angoli, arbitrariamente scelti, $\alpha = 0°$, $\beta = 15°$ e $\gamma = 35°$.

Immaginiamo, in corrispondenza a ciò, di aver ottenuto dalla misura della componente dello spin di A in direzione α e da quella di B in direzione β il risultato $(\alpha+;\beta+)$. Allora, se ripetiamo l'esperimento N_{tot} volte, il numero dei casi in cui si ottiene $(\alpha+;\beta+)$ è dato dalla somma dei singoli numeri N_3 e N_5 (guardare attentamente la tabella 15.2), cioè:

$$N(\alpha+;\beta+) = N_3 + N_5 . \tag{15.5}$$

È inoltre un fatto indubitabile che debba valere l'equazione

$$N_3 + N_5 \leq N_2 + N_5 + N_3 + N_7 . \tag{15.6}$$

Proseguendo, la probabilità che si presenti il caso $(\alpha+;\beta+)$ dipende naturalmente dalle probabilità di uscita dei casi 3 e 5. La *frequenza relativa* del caso i-esimo è data qui da

$$\frac{N_i}{N_{tot}} , \tag{15.7}$$

e la *probabilità* di uscita del caso i-esimo si ottiene dal rapporto precedente facendo tendere N_{tot} all'infinito, cioè ripetendo l'esperimento un numero di volte estremamente alto.

La probabilità del caso $(\alpha+;\beta+)$ si calcola di conseguenza attraverso

$$P(\alpha+;\beta+) = \frac{N_3 + N_5}{N_{tot}} . \tag{15.8}$$

Se ora chiamiamo in causa il terzo angolo γ mettendo in relazione la probabilità $P(\alpha+;\beta+)$ con le probabilità parziali

$$P(\alpha+;\gamma+) = \frac{N_2 + N_5}{N_{tot}} \tag{15.9}$$

e

$$P(\gamma+;\beta+) = \frac{N_3 + N_7}{N_{tot}} , \tag{15.10}$$

otteniamo, in corrispondenza alla (15.6), la logica conclusione che

$$P(\alpha+;\beta+) \leq P(\alpha+;\gamma+) + P(\gamma+;\beta+) . \tag{15.11}$$

La disuguaglianza (15.11) è una *disuguaglianza di Bell*. Essa si basa sui principi delle teorie locali e realistiche e rappresenta dunque una previsione delle teorie delle variabili nascoste. In virtù del fatto che si tratta di una affermazione quantitativa, adesso è davvero possibile verificarla sperimentalmente, lavorando con le frequenze relative dei singoli casi e controllando se il numero di occorrenze del caso $(\alpha+;\beta+)$ è veramente più piccolo o uguale alla somma delle occorrenze degli altri casi $(\alpha+;\gamma+)$ e $(\gamma+;\beta+)$.

L'abile fisico sperimentale Alain Aspect (n. 1952) si diede il compito di fare questa verifica. Grazie al successo dei suoi esperimenti e al confronto con le previsioni delle teorie delle variabili nascoste attraverso la disuguaglianza di Bell, egli poté giungere alla conclusione che – nonostante tutti gli sforzi di Einstein – la natura non può contenere parametri nascosti locali e realistici, in quanto la disuguaglianza di Bell non resse davanti ai risultati delle prove e venne contraddetta. Questo fenomeno, il *ferimento della disuguaglianza di Bell* attraverso l'esito degli esperimenti, viene detto *teorema di Bell*. I risultati degli esperimenti di Aspect erano inoltre in perfetto accordo con le previsioni della meccanica quantistica, la cui validità subì in questo modo una impressionante conferma, a scapito dei suoi detrattori.

La meccanica non locale e realistica di Bohm, al contrario, non poté essere contraddetta, essendo, come la meccanica quantistica, completamente in accordo con gli esiti degli esperimenti. Per motivi che purtroppo non possiamo trattare qui *ad nauseam*, questa teoria non locale e realistica viene respinta come meno probabile e ignorata dalla maggior parte dei fisici, come abbiamo già accennato nel capitolo 14.

Dopo questa conquista sperimentale che porta alla generale falsificazione delle teorie locali e realistiche, le variabili nascoste locali e realistiche non possono più esistere; il caso oggettivo, al contrario, si afferma quale componente innegabile e inevitabile del nostro mondo. In questo senso dunque, ormai dopo la morte di entrambi, Bohr avrebbe in fine avuto ragione su Einstein. O meglio, per dirla in altre parole:

Eccome se LUI gioca a dadi...

16

Le moderne applicazioni della fisica quantistica

In che modo la fisica quantistica trova applicazioni pratiche?

In quest'ultimo capitolo sulla fisica quantistica "pura" vogliamo finalmente dedicarci alle scoperte del nostro tempo, mettendo per un attimo da parte le grandi conquiste storiche fatte dalle brillanti menti del passato. Dopo che intere generazioni di fisici, per i primi due terzi del secolo scorso, si sono fondamentalmente cimentate con le stranezze e l'incomprensibilità della meccanica quantistica nel disperato tentativo di arginarne le turbolenze logiche, al giorno d'oggi, con l'avvento del XXI secolo, tutti questi paradossi e queste anomalie dei quanti vengono accettati senza commenti, come dati di fatto, e si cerca semplicemente, in un ottica già quasi pragmatica, di trarne il massimo vantaggio. Effettivamente, l'anormalità straordinaria dei meccanismi quantistici offre possibilità nuove che, tanto in linea di principio quanto tecnicamente, la fisica classica neppure si sognava di dare. È stata inaugurata una nuova era, più ottimistica e soprattutto più orientata alla pratica. È giunto il momento di sfruttare le bizzarrie del mondo dei quanti!

Guardatevi attorno in casa vostra! I vostri apparecchi elettronici, la vostra radio, il CD o il lettore mp3, tutta l'elettronica di intrattenimento e non da ultimo il vostro stesso computer, l'onnipresente LASER, i moderni apparecchi usati in medicina, tutta l'elettronica dei semiconduttori, le moderne e avveniristiche nano-tecnologie, la microelettronica e molto, molto altro ancora: questi sono i prodotti della già iniziata era dell'applicazione pratica dei principi fisici del mondo dei quanti. Senza le nostre moderne conoscenze dei meccanismi straordinari degli oggetti quantistici, il nostro mondo di oggi sarebbe notevolmente diverso da come ormai siamo abituati a vederlo, e questo anche se la meccanica quantistica, in sé stessa, continua ad apparirci fuori dal mondo e lontana dal senso comune.

Le applicazioni della fisica quantistica che ci sono note da tempo, tuttavia, non esauriscono la gamma delle possibilità affascinanti che la natura del microcosmo ci offre. Soprattutto negli ultimi anni, sviluppi e concetti completamente nuovi hanno potuto farsi strada nei campi più disparati.

Che cos'è l'informazione quantistica?

Alla base di tutte le tecniche meravigliose e di tutte le applicazioni avveniristiche della meccanica quantistica vi è l'informazione che un oggetto quantistico reca con sé. La cosa interessante di questa "informazione contenuta in un oggetto quantistico" è che essa si distingue in modo completo e drastico dall'idea di informazione che abbiamo noi, nella vita di tutti i giorni.

Per prima cosa sarebbe dunque opportuno chiarire che cosa si intende esattamente per "informazione". Nell'enciclopedia Brockhaus, al punto 2, si trova la seguente definizione del concetto generale di "informazione":

Comunicazione, messaggio, notizia sopra qualcosa o qualcuno.[1]

Sappiamo naturalmente che questo "qualcosa o qualcuno" può essere, per esempio, un politico "importante", del quale la stampa parla, oppure una tromba d'aria, il cui arrivo è annunciato dai media, o anche un elettrone, il cui spin può essere misurato attraverso un esperimento di Stern-Gerlach. Tutte queste sono informazioni fisiche, reperibili negli oggetti stessi che le portano.

Si potrebbe pensare che in questo non ci sia niente di particolare, ma presto si scopre che l'informazione recata dagli oggetti

---

[1] *"Mitteilung, Nachricht, Auskunft über etwas oder über jemanden"*. *Brockhaus Enzyklopädie in 24 Bänden*, Vol 10, p. 524 (F.H. Brockhaus, 1997).

quantistici può rivelarsi, da molti punti di vista, estremamente interessante e utile, per il fatto che essa si differenzia nettamente
dall'abituale informazione classica che tutti i giorni corre attraverso i nostri computer sotto forma di *bit* digitali.
Per il tipo speciale di informazione trasportata da un oggetto quantistico è stato introdotto un nome particolare, seguendo
la proposta del fisico americano Benjamin Schumacher: il *qubit*
(pronuncia: *kjubit*).
Il fatto che gli oggetti quantistici trasportino la loro informazione in modo diverso dai sistemi macroscopici apre possibilità del
tutto nuove per le scienze dell'informazione. E in effetti si parla di
un settore completamente nuovo, aperto per la prima volta grazie
alle moderne conoscenze in fisica quantistica: le *scienze dell'informazione quantistica*, o anche, più brevemente, l'*informatica quantistica*. Le nuove tecnologie che al momento stanno prendendo
piede in questo settore sono soprattutto il *teletrasporto quantistico*, il *computer quantistico* e la *crittografia quantistica*. Nei prossimi
paragrafi vogliamo cercare di chiarire che cosa sono e in che cosa
consistono queste incredibili e importanti innovazioni basate sui
principi della fisica quantistica.

Che cos'è il teletrasporto quantistico?

A sentir parlare di teletrasporto, la prima cosa che viene in mente è una di quelle scene utopiche dei film di fantascienza come
Star Trek o simili, nelle quali le persone, premendo un bottone,
scompaiono in A per riapparire istantaneamente in B. Una assurdità completa, dal punto di vista fisico? Forse non del tutto! Questo, almeno, è ciò che alcuni esperimenti degli ultimissimi tempi
vogliono farci credere! Per quanto stupefacente possa sembrare,
già nel 1997 il gruppo di ricerca di Harald Weinfurter e Anton Zeilinger dell'Università di Innsbruck aveva annunciato di essere riuscito a realizzare con successo il primo cosiddetto esperimento di
teletrasporto quantistico[2].
Per "teletrasporto quantistico" si intende, dal punto di vista
fisico, "la trasmissione istantanea, a un ricevente arbitrariamente distante, dell'informazione contenuta in uno stato quantistico

---

[2] D. Bouwmeester, J.-W. Pan, K. Mattle, M. Eibl, H. Weinfurter, A. Zeilinger: Experimental quantum teleportation. Nature **390** (1997).

ignoto, sfruttando l'entanglement"[3]. In che cosa precisamente consista questo misterioso teletrasporto quantistico, vogliamo illustrarlo qui, in forma concisa. Come oggetto del teletrasporto, tuttavia, non pretenderemo di scegliere un'intera persona (cosa che sarebbe veramente utopica e quasi certamente non verrà mai realizzata), ma ci limiteremo a considerare un oggetto quantistico. La situazione di partenza è questa: si deve teletrasportare un fotone T (dall'inglese *teleportee*) da un punto A a un punto B, distante quanto si vuole da A o, come si è soliti dire in crittografia, da *Alice* a *Bob*. Questo significa che il fotone deve sparire dalle mani di Alice, per ricomparire tra le mani di Bob. In tutto ciò, naturalmente, il fotone non dovrebbe mutare il suo stato originale perché altrimenti non sarebbe neppure più lo stesso identico fotone a venir teletrasportato. Esso deve invece riapparire "illeso" da Bob, esattamente com'era da Alice. Per metterla in termini dell'informazione che il fotone reca nel suo stato quantistico, si può dire che il qubit originale del fotone deve essere teletrasportato senza subire alcun disturbo o cambiamento. Ma come si può realizzare veramente un progetto così presuntuoso?

Il problema che questo proposito per forza solleva sta nel fatto che, inevitabilmente, lo stato di un oggetto quantistico – e dunque l'informazione totale depositata in esso – già per principio non può essere letta fino in fondo, in quanto ogni misura comporta immancabilmente la riduzione della funzione d'onda. In seguito a ciò, dovrebbe risultare piuttosto arduo teletrasportare lo stato apertamente indeterminato e indeterminabile di un quanto: come si può trasmettere qualcosa che non può essere letto completamente e neppure risulta essere concretamente fissato?

Per quanto possa sembrare incredibile, se da un lato i principi bizzarri della meccanica quantistica vietano la conoscenza completa dello stato di un oggetto quantistico, essi consentono dall'altro, proprio in virtù della loro stranezza, di aprire al teletrasporto una misteriosa via di fuga per aggirare elegantemente questa apparente impossibilità. Questa chance consiste essenzialmente nel principio dell'*entanglement*, a noi già noto dalla discussione fatta al capitolo precedente.

---

[3] *"das instantane Übersenden der in einem unbekannten Quantenzustand enthaltenen Information an einen beliebig weit entfernten Empfänger unter Ausnutzung von Verschränkung".* D. Bruß: *Quanteninformation* (Fischer, 2003); p. 123.

Nel loro significativo articolo *Teletrasportare uno stato quantico ignoto attraverso canali doppi, classici ed EPR* [4] del 1993, i fisici Charles Bennett, William Wootters e altri illustrarono l'innovativo concetto teorico del teletrasporto quantistico, secondo il quale un oggetto quantistico può essere teletrasportato da A a B, cioè da Alice a Bob, attraverso una sorta di doppio canale: impiegando per prima cosa un canale quantistico sotto forma di una coppia di particelle entangled e sfruttando, secondariamente, un classico canale di informazione.

Per maggior chiarezza, vogliamo subito illustrare la realizzazione sperimentale di questo concetto di teletrasporto, come è stato ottenuto per la prima volta – stando alle loro affermazioni – dal gruppo di ricerca di Anton Zeilinger nel 1997.

Per teletrasportare un fotone che reca un'informazione quantistica sotto forma della sua *direzione di polarizzazione* (vedere il cap. 1) si usa, come abbiamo già accennato, una coppia aggiuntiva di fotoni entangled che dovrebbero svolgere la funzione di una sorta di canale di trasmissione. Per ottenere una simile coppia di fotoni entangled, è necessario evidentemente un tipo speciale di sorgente EPR. A questo proposito sia sottolineato il fatto che la correlazione stabilita con l'entanglement, così come l'abbiamo conosciuta nella discussione dell'articolo EPR del 1935 e nella variante di Bohm dell'esperimento EPR, riguardante lo spin delle particelle, si può riferire equivalentemente anche alla direzione di polarizzazione dei fotoni. Il fatto dunque che in questo caso l'entanglement delle particelle si riferisca alla polarizzazione dei due fotoni (e non allo spin delle particelle, come nei capitoli precedenti) non fa dal punto di vista teorico alcuna differenza, essendo il principio sottostante esattamente lo stesso.

Per prima cosa bisogna generare una coppia di fotoni entangled. Lo si può fare, per esempio, attraverso un processo che prende il nome di *parametric down conversion* e che consiste nell'inviare un fascio di fotoni UV attraverso uno speciale cristallo non lineare, che può essere fatto, per esempio, di β-borato di bario (BBO), in modo che i fotoni in arrivo possano rompersi per originare due fotoni con lunghezza d'onda raddoppiata. La cosa particolare di queste coppie di fotoni A e B è che, con una probabilità molto pic-

[4] *"Teleporting an unknown quantum state via dual classical and EPR channels"*. Phys. Rev. Lett. **70**, 13 (1993).

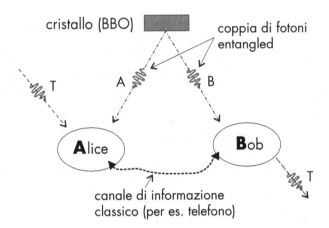

cristallo (BBO)

coppia di fotoni entangled

T   A   B

Alice   **B**ob

T

canale di informazione classico (per es. telefono)

Fig. 16.1. Schema dell'esperimento di teletrasporto quantistico

cola ma definita, in corrispondenza a un certo angolo di uscita, essi sono entangled rispetto alla loro direzione di polarizzazione. Se con un diaframma filtrassimo esclusivamente queste coppie di fotoni entangled, allora, nel caso di una misura con filtri di polarizzazione, dovremmo ogni volta constatare che, nelle coppie, A e B sono sempre polarizzati perpendicolarmente tra loro e mai parallelamente e questo anche se sappiamo dalla sorprendente soluzione della problematica EPR (vedere il cap. 15) che entrambi i fotoni, a causa dell'inesistenza di parametri nascosti locali e realistici, prima del momento della misura su uno dei fotoni, non possono proprio avere avuto alcuna direzione di polarizzazione concreta. Quest'ultima viene infatti fissata spontaneamente e in modo oggettivamente casuale soltanto nel momento stesso di un'eventuale misura. Una fatto curioso, ma importante!

In conclusione, lo stato entangled di una coppia di fotoni A e B generata in questo modo è quindi

$$|\Psi\rangle = \frac{1}{\sqrt{2}}\left(\,|\leftrightarrow\rangle_A\,|\updownarrow\rangle_B - |\updownarrow\rangle_A\,|\leftrightarrow\rangle_B\,\right), \qquad (16.1)$$

dove $|\leftrightarrow\rangle$ rappresenta il vettore di stato corrispondente alla polarizzazione orizzontale e $|\updownarrow\rangle$ quello corrispondente alla polarizzazione verticale dei rispettivi fotoni. Una simile coppia di fotoni entangled rispetto alla polarizzazione viene sfruttata agli scopi del teletrasporto inviando il fotone A ad Alice e il fotone B a Bob. Ciò può avvenire per via aerea o attraverso fibre ottiche.

Per poter teletrasportare lo stato del proprio fotone T a Bob, Alice deve adesso mettere T in una certa relazione con A; detto più precisamente, essa deve rendere T e A entangled. Alice può farlo, per esempio, eseguendo una cosiddetta *misura di Bell* comune su T e A. Anche se, dal punto di vista teorico, questo importantissimo passo avanti sulla strada del teletrasporto sembra essere facile, nel vero esperimento ha costituito per lungo tempo un vero ostacolo. Attraverso grandi sforzi e tecniche molto sofisticate e ingegnose, tuttavia, si riuscì finalmente a effettuare con successo questa misura di Bell, grazie all'impiego di specchi semitrasparenti.

Per mezzo della misura di Bell che ha l'effetto di correlare T e A, Alice può generare adesso uno dei seguenti quattro possibili *stati di Bell*:

$$|\psi^+\rangle = \frac{1}{\sqrt{2}}\left(|\leftrightarrow\rangle_T |\updownarrow\rangle_A + |\updownarrow\rangle_T |\leftrightarrow\rangle_A \right) \qquad (16.2)$$

$$|\psi^-\rangle = \frac{1}{\sqrt{2}}\left(|\leftrightarrow\rangle_T |\updownarrow\rangle_A - |\updownarrow\rangle_T |\leftrightarrow\rangle_A \right) \qquad (16.3)$$

$$|\Phi^+\rangle = \frac{1}{\sqrt{2}}\left(|\leftrightarrow\rangle_T |\leftrightarrow\rangle_A + |\updownarrow\rangle_T |\updownarrow\rangle_A \right) \qquad (16.4)$$

$$|\Phi^-\rangle = \frac{1}{\sqrt{2}}\left(|\leftrightarrow\rangle_T |\leftrightarrow\rangle_A - |\updownarrow\rangle_T |\updownarrow\rangle_A \right) \qquad (16.5)$$

Lo stato di Bell che si origina in seguito a questa misura è di nuovo, come si può vedere chiaramente, uno stato entangled tra il fotone T e il fotone A. Naturalmente, la particella B deve istantaneamente perdere le sue proprietà originarie, perché (a seconda dello stato iniziale del fotone T e del risultato della misura di Bell) essa viene portata in un altro stato indeterminato.

Il risultato della misura di Alice, cioè quale dei suddetti stati da (16.2) a (16.5) essa ottiene dalla misura di Bell, deve ora essere inviato a Bob attraverso un *canale classico di informazione* (come, per esempio, il telefono, il fax, oppure internet). Con l'aiuto di questa informazione, Bob può adesso ottenere lo stato originale del fotone T di Alice attraverso l'esecuzione di una manipolazione sul fotone B fissata dal risultato della misura di Alice, manipolazione che viene detta anche *trasformazione unitaria*. Grazie a questa trasformazione operata da Bob sul fotone B, il fotone di Bob assume proprio le proprietà quantistiche di T, vale a dire il suo stato originale di polarizzazione. Al contempo, invece, il fotone T originale ha perso irrimediabilmente il suo stato di polarizzazione, essendo ora in uno stato entangled con A. Per riassumere, attraverso l'operato di Alice e Bob, lo stato quantistico iniziale di T si è trasferito a B; oppure, per dirla diversamente: B è diventato T![5] E con ciò il teletrasporto può dirsi completato con successo, secondo il suo significato.

Si dovrebbe aver notato che in questo teletrasporto del fotone T non avviene alcun trasporto di materia nel vero senso della parola. Piuttosto, si trasferisce l'informazione complessiva del fotone T, da teletrasportare, alla particella B, senza che T stesso debba venir trasportato in qualche modo misterioso fino a Bob. Stupisce comunque che il risultato finale sia esattamente lo stesso, come se quest'ultima cosa fosse realmente accaduta.

Allo stesso modo, nel teletrasporto quantistico non avviene alcuna trasmissione istantanea di informazione, perché lo stato originale del fotone T di Alice può arrivare a Bob soltanto dopo che la notizia del risultato della misura di Bell fatta da Alice è arrivata. Siccome questa informazione sul risultato della misura di Alice viaggia necessariamente attraverso un canale classico, e dunque tutt'al più si propaga alla velocità della luce, anche la ricostruzione da parte di Bob dello stato di T può avvenire al più presto soltanto dopo un tempo

$$t_{min} = \frac{s}{c}, \qquad (16.6)$$

dove s rappresenta la distanza tra Alice e Bob. Non sorgono dunque contraddizioni rispetto alla teoria della relatività ristretta, perché nel teletrasporto quantistico l'informazione non può essere trasmessa istantaneamente.

A questo punto si potrebbe pensare che, di per sé, il teletrasporto quantistico non sia niente di speciale, trattandosi dopotutto soltanto di un misero trucco. Non è successo affatto che il fotone T sia sparito dalle mani di Alice per ricomparire tra quelle di Bob; piuttosto, ne è stata realizzata una copia "a buon mercato" presso Bob. Gli sperimentatori tuttavia sottolineano che le cose non stanno così!

---

[5] Ciò vale naturalmente solo se, all'inizio, la lunghezza d'onda di T era uguale a quella di A e di B.

Effettivamente, una conseguenza interessante è che T, attraverso la misura di Bell, perde le sue proprietà originali e dunque non si può più continuare a chiamarlo T, visto che possiede ora uno stato completamente diverso. Attraverso la trasformazione unitaria operata da Bob, tuttavia, T viene ricostruito, nel suo stato originario, in una copia perfettamente identica. Un passo interessante di Zeilinger, riferito alla spiegazione dei suoi esperimenti, dice in proposito:

> Uno scettico potrebbe obiettare che qui si trasmette soltanto lo stato di polarizzazione del fotone, o, più in generale, il suo stato quantistico, ma non il fotone «stesso». Tuttavia, essendo un fotone completamente caratterizzato dal suo stato quantistico, il teletrasporto del suo stato è del tutto equivalente al teletrasporto della particella.[6]

Secondo questo punto di vista, la particella T ottenuta da Bob non costituirebbe una copia nel senso usuale, classico e macroscopico del termine: non si tratterebbe di un imperfetto facsimile, come per esempio il risultato di una trasmissione via fax, ma sarebbe una riproduzione fedele al cento per cento della particella T iniziale. Il fotone prodotto da Bob è lo stesso originale!

Bisogna inoltre osservare che, dopo la misura di Bell, dalle parti di Alice non è proprio più disponibile un "originale", visto che questo è stato irreversibilmente distrutto dalla misura stessa. Il fatto che stati quantistici ignoti non possano venir replicati perfettamente viene anche chiamato il *teorema di no-cloning*. Il teletrasporto quantistico ne dà una lampante esemplificazione.

Nonostante tutto ciò, l'interpretazione del teletrasporto quantistico come trasmissione di stati o di informazioni suscita anche forti dubbi. Perché, a essere precisi, la particella che in seguito verrà considerata essere l'oggetto teletrasportato si trova già in B prima ancora dell'atto effettivo del teletrasporto. Allo stesso modo, lo stato quantomeccanico è *potenzialmente* disponibile già in anticipo nell'oggetto B. Questo speciale stato quantistico deve in fondo

---

[6] *"Ein Skeptiker mag einwenden, dass hier nur der Polarisationszustand des Photons übertragen wurde, oder allgemeiner, sein Quantenzustand, aber nicht das Photon «selbst». Doch da ein Photon vollständig durch seinen Quantenzustand charakterisiert wird, ist die Teleportation seines Zustands völlig äquivalent zur Teleportation des Teilchens".* A. Zeilinger: Quanten-Teleportation. Spektrum der Wissenschaft **6** (2000); p. 25.

essere preparato accuratamente, come parte dello stato globale entangled, già prima dell'effettivo esperimento. Di conseguenza – e qui le critiche di alcuni fisici rinomati – nel caso del teletrasporto quantistico non si può parlare di "trasporto" di uno stato o di una informazione nel vero senso della parola, bensì piuttosto di una finzione, con fatti non veri.

Anche qui, come nella maggior parte dei casi analoghi di dissenso, ci si dovrà probabilmente aspettare che saranno gli esiti di ulteriori ricerche a chiarire questo conflitto, a beneficio della conoscenza; ma certamente non fa piacere che questo esperimento di teletrasporto venga definito come minimo molto fuorviante, se non addirittura falso.

Che cosa sono i computer quantistici?

Basandosi sulla nuova tecnologia appena presentata, cioè sul concetto di teletrasporto quantistico, è anche possibile costruire, tra l'altro, computer completamente innovativi. Col termine "innovativo", tuttavia, non intendiamo qui un semplice aumento della frequenza o della capacità di memoria, cosa che normalmente caratterizza i progressi dell'industria dei calcolatori. No, si tratta veramente di un'innovazione profonda, rappresentata da un computer concettualmente nuovo, perché basato su leggi fisiche prima impensate e soprattutto non ancora sfruttate: la possibilità di disporre di informazione sotto forma di sovrapposizione e la possibilità del calcolo parallelo grazie a molteplici entanglement collegati tra loro, cioè attraverso lo scambio di particelle EPR entangled in una sorta di rete, detto anche *entanglement swapping*.

Esattamente come un elettrone, grazie alla sua capacità di sovrapposizione quantistica, può trattenersi nell'atomo simultaneamente in punti diversi, così nella fisica quantistica applicata, molteplici processi di calcolo possono avvenire contemporaneamente in sovrapposizione su piani diversi.

Diversamente da quanto accade in un classico computer digitale, un qubit quantistico non è disponibile solamente negli stati "acceso" o "spento", solitamente indicati con 1 o 0, ma anche in qualsiasi sovrapposizione di questi due stati caratteristici. Un qubit può assumere contemporaneamente i valori 0 e 1 e può farlo nelle infinite gradazioni che, a partire dagli stati singoli $|0\rangle$ e $|1\rangle$, si ottengono dalla usuale sovrapposizione

$$|\Psi\rangle = a\,|0\rangle + b\,|1\rangle\,, \qquad (16.7)$$

dove $|a|^2 + |b|^2 = 1$. Grazie a ciò, un computer quantistico costituito da un solo qubit può di fatto calcolare a velocità doppia rispetto a un computer classico convenzionale, perché è in grado di calcolare parallelamente con i valori 0 e 1. La possibilità che ne risulta di algoritmi che lavorano parallelamente prende anche il nome di *parallelismo quantistico*. Ciò consente evidenti vantaggi rispetto ai computer classici.

Ma non finisce qui. Quanti più qubit si collegano tra loro e si lasciano calcolare insieme, tanti più valori possono essere assunti simultaneamente e tante più strade di calcolo possono essere eseguite parallelamente. Per la precisione, il numero V delle possibili vie di calcolo eseguibili cresce addirittura esponenzialmente con il numero n dei qubit impiegati, vale a dire che

$$V = 2^n\,. \qquad (16.8)$$

Con due usuali bit classici si dovrebbero eseguire, una dopo l'altra, quattro operazioni di calcolo, mentre con due qubit quantistici basterebbe invece un'unica esecuzione. Basandosi su tre qubit è poi possibile rappresentare contemporaneamente otto valori di calcolo. Stando a una affermazione che sempre si incontra in letteratura, con circa 270 qubit si disporrebbe già di un numero di valori superiore al numero di particelle presenti nell'intero universo; si stima infatti che questo numero sia grossomodo pari a 10^{80} ed è dunque chiaramente più piccolo di $2^{270} \approx 1{,}9 \cdot 10^{81}$.

È dunque soprattutto in calcoli lunghi e laboriosi, come per esempio la scomposizione di un numero molto grande nei suoi *fattori primi*, che il futuristico computer quantistico basato su qubit offre i suoi decisivi vantaggi rispetto al computer classico convenzionale. Con un computer classico, il tempo necessario alla *scomposizione in fattori primi* cresce esponenzialmente all'aumentare del numero di cifre del numero da scomporre. Con un computer quantistico, invece, grazie alla possibilità di implementare algoritmi che lavorano parallelamente (il parallelismo quantistico, appunto), è possibile ridurre enormemente il tempo di calcolo, consentendo un miglioramento davvero "qualitativo".

Impiegando l'*algoritmo di Shor*, dal nome del matematico Peter Shor che l'ha sviluppato nel 1994, il tempo di calcolo necessario a un computer quantistico per completare la scomposizione in fattori primi non cresce più esponenzialmente col numero di cifre del numero da scomporre, ma solo con la sua terza potenza. Questa è davvero una differenza grandissima, che sposta il problema della scomposizione dei numeri molto grandi dal regno della pura fantasia a quello della concreta realtà.

Che piaccia o no, non si può tuttavia nascondere il fatto che diversi problemi ostacolano ancora lo sviluppo effettivo di computer "a base di qubit". Una delle questioni più elementari e ancora tutto sommato teoriche, riguarda la lettura dei risultati finali del calcolo. Il problema che sorge a questo punto è quello, a noi ben noto, della misura: l'atto della misurazione è accompagnato inevitabilmente dalla *riduzione di stato* che – potete starne certi – non può essere aggirata in nessun modo, essendo una parte fondamentale della fisica quantistica. Per quanto dunque sia possibile eseguire parallelamente un numero fantastico di vie di calcolo diverse, sarà sempre e soltanto un unico risultato, scelto in modo oggettivamente casuale tra i tanti, a poter essere letto, alla fine. Valori sovrapposti non possono essere letti a priori. Perciò, la possibilità di sfruttare realmente i benefici del computer quantistico dipende più o meno dall'astuzia e dalla raffinatezza degli algoritmi utilizzati e dunque, per dirla meglio, dalla genialità degli informatici quantistici. In parte sono già stati fatti progressi promettenti in questa direzione, tanto che nel frattempo il problema della lettura sembra quasi diventato obsoleto.

Un problema pratico ancora più grande, che la realizzazione dei computer quantistici pone, consiste nel fenomeno della *decoerenza*: l'interazione dei qubit con il loro ambiente circostante che abbiamo trattato nel capitolo 13. Già: non solo i gatti sono soggetti alla decoerenza, ma anche i qubit di un computer quantistico subiscono questo processo generale di perdita della loro coerenza. Gli stati puri e coerenti dei qubit di un computer quantistico possono per esempio essere disturbati da campi magnetici o raggi laser che, a dire il vero, si pensa proprio di usare specificamente per la manipolazione dei qubit limitrofi. Tuttavia, questo tipo di influsso reciproco è molto difficile, se non del tutto impossibile, da evitare. La cosa peggiore è che non solo gli stati dei singoli qubit, a causa di fattori ambientali, col tempo vanno incontro alla decoerenza, ma anche l'entanglement tra i qubit, così importante per un computer quantistico, subisce una riduzione o l'annullamento.

Dunque si pone il compito di precisare al massimo la manipolazione dei singoli qubit per mantenere alti, per quanto possibile, i tipici tempi di decoerenza. Al di là di questo disturbo "autoprovocato", sussiste in più la necessità di compensare gli influssi termici dell'ambiente. Presumibilmente, i futuri computer quantistici potranno funzionare soltanto a bassissime temperature.

Anche se sicuramente – e non da ultimo per i motivi sopra citati – in tempi brevi non saranno ancora disponibili sul mercato computer con "tecnologia qubit" da portare a casa, tuttavia in un futuro non tanto lontano i computer quantistici occuperanno di certo un posto di rilievo nelle branche della tecnologia informatica. Tutto ciò, comunque, non costituisce in realtà soltanto una felice rivoluzione nelle scienze dei computer. Al contrario, l'improvvisa possibilità di scomporre in fattori primi numeri molto grandi in un tempo accessibile rappresenta, allo stesso tempo, un fondamentale problema di sicurezza. Al giorno d'oggi, infatti, la protezione e la segretezza dei dati e dei messaggi importanti si basa prevalentemente proprio sulla difficoltà di scomporre numeri molto grandi nei loro fattori primi, cioè sull'impossibilità di portare a termine in pratica una simile scomposizione, a causa degli immensi tempi di calcolo richiesti anche con l'ausilio dei più potenti computer classici.

I computer futuristici, invece, potendo sfruttare le leggi della fisica quantistica (come il parallelismo quantistico) per violare la segretezza dei codici, rappresenterebbero una minaccia reale per la futura crittografia.

Per ironia del destino, tuttavia, le stesse bizzarre leggi del mondo dei quanti che da un lato permettono di minare alla base la crittografia classica, dall'altro forniscono una soluzione elegante e di gran lunga più sicura per la cifratura dei messaggi: la crittografia quantistica.

Che cos'è la crittografia quantistica?

Con il termine *crittografia* si intende in generale la *cifratura*, anche detta *crittazione*, di dati importanti o informazioni scottanti con lo scopo di trasmetterli in modo segreto. Questa arte della trasmissione segreta di dati ha indubbiamente una lunga storia che comincia già molto prima dei tempi dei greci e dei romani. Da sempre è esistito il bisogno – o più spesso la necessità – di cifrare certi messaggi, mascherandoli in modo che esclusivamente il legittimo destinatario potesse decifrarli e comprenderli.

Mi sembra quasi superfluo osservare che la nascita della cifratura dei messaggi abbia altresì provocato un ancora più forte bisogno da parte di terzi di carpire segretamente proprio quei messaggi e decifrarli, o come anche si dice, *decrittarli*, a proprio vantaggio, all'insaputa del mittente e del vero destinatario. È sotto gli occhi di tutti, specialmente negli ultimi tempi, quanto questo desiderio di spiare e intercettare segretamente i messaggi degli altri rappresenti un affare scottante, soprattutto per quanto riguarda i trasferimenti di dati finanziari o i segreti militari. Dunque sta all'abilità di chi deve cifrare il messaggio lo scegliere un cifrario che sia impossibile da decrittare da parte di terzi o almeno che richieda un tempo talmente lungo per essere decifrato da garantire comunque a sufficienza la segretezza del messaggio. Naturalmente l'ultima possibilità non assicura una inviolabilità veramente duratura, tuttavia (ancora ai nostri giorni) essa offre una protezione completamente adeguata in un gran numero di applicazioni pratiche.

Per cominciare, sia detto che in crittografia la coppia dei soggetti comunicanti *Alice* e *Bob*, a noi ormai ben nota dal paragrafo sul teletrasporto quantistico, va naturalmente ampliata al terzetto che comprende immancabilmente anche la spia *Eva* (dall'inglese *eavesdropping* = origliare, intercettare). Quello che in crittologia viene chiamato generalmente *testo in chiaro* e che contiene il messaggio da tener segreto, deve passare da Alice a Bob mascherato nel modo più ingegnoso possibile, sotto forma del cosiddetto *testo cifrato*, in modo che Eva, senza possedere la chiave che solo Alice e Bob dovrebbero conoscere, non sia in grado di decifrare ciò che intercetta.

La qualità di un metodo crittografico, di conseguenza, risiede chiaramente nel modo in cui il testo in chiaro viene trasformato nel testo cifrato e viceversa. A questo punto, secondo una prima, brutale classificazione, i procedimenti crittografici complessi si possono ripartire in *simmetrici* e *asimmetrici*. Per motivi di spazio, non vogliamo qui ripercorrere l'intera storia della crittografia *in extenso*, ma ci limiteremo a trattarne i punti più importanti che interessano i principi e il significato della crittografia quantistica.

Uno dei primi metodi e forse anche uno dei più noti – il cosiddetto *cifrario di Cesare*, dal nome del suo iniziatore, l'imperatore romano Cesare – consiste nel semplicissimo *processo di sostituzione* delle lettere che compaiono nel testo in chiaro, attraverso una chiave: ogni singola lettera del testo in chiaro è sostituita dalla lettera che, nell'alfabeto, la segue dopo *n* posizioni.

La chiave di questo semplice metodo crittografico è dunque lo stesso alfabeto, traslato di *n* posti. Se scegliamo, per esempio, *n* = 2, a partire dal testo in chiaro

"sancta simplicitas"

si ottiene il testo cifrato

"ucpevc ukornkekvcu".

Come si può vedere, questo cifrario non solo rende la cifratura estremamente facile da eseguire, ma, visto dall'altra parte, rende anche la decifratura da parte di terzi (come Eva) non proprio impossibile. Naturalmente, dopo al massimo 25 tentativi, si trova già la chiave, cioè *n*, e si può decrittare il testo cifrato. Perciò, questo metodo primitivo non può certo dirsi sicuro, tanto meno per gli scopi attuali, e al confronto con i moderni procedimenti appare addirittura ridicolo.

Attraverso le più disparate variazioni e complicazioni del processo di sostituzione, fu possibile rendere sempre più arduo il maligno tentativo da parte di Eva di decifrare i messaggi di Alice e Bob, tanto che dopo un certo tempo si pensò addirittura di poter cifrare il testo in chiaro in modo "praticamente" perfetto. Per Eva, tuttavia, la scoperta strategica della chiave rimaneva ogni volta esclusivamente una questione di tempo. Grazie a un'*analisi delle frequenze* di comparsa di certi simboli o combinazioni di simboli nel testo cifrato, come per esempio la lettera "e" che in italiano ricorre più spesso di tutte le altre, o il digramma "er", anch'esso molto frequente, si poté sempre, con relativa facilità, invertire la sostituzione e ricostruire il testo in chiaro.

Nel 1918, tuttavia, si produsse una vera rivoluzione in crittologia: Gilbert Vernam ideò un metodo crittografico perfetto, sicuro e inviolabile al 100%, il cosiddetto *cifrario di Vernam*. Perfino con computer futuristici super veloci e con le migliori tecniche di analisi crittografica, dal punto di vista di Eva è *assolutamente impos-*

sibile risalire sistematicamente dal testo cifrato alla chiave e dunque ancor meno al testo in chiaro. Il metodo perfetto di Vernam necessita unicamente di una chiave fatta di simboli in successione casuale, della lunghezza del testo stesso che si vuole cifrare. Il principio crittografico che si applica è illustrato di seguito.

1. Si genera una chiave binaria casuale (una successione di tanti 0 e 1 messi a caso) che solo Alice e Bob conoscono.

2. Il testo in chiaro viene tradotto da Alice in codice binario (risultando composto a sua volta dai soli simboli 0 e 1).

3. Alice esegue l'addizione modulo 2 tra il testo in chiaro binario e la chiave: valgono cioè le regole $0 + 0 = 0, 0 + 1 = 1, 1 + 0 = 1$ e $1 + 1 = 0$, tralasciando il riporto. Il risultato dell'addizione è il testo cifrato.

4. Il testo cifrato viene inviato da Alice a Bob. Il canale che viene impiegato per la trasmissione non deve necessariamente essere segreto, ma può essere tranquillamente uno qualunque dei normali canali di comunicazione (per esempio il telefono, il fax, internet, ecc.); il testo cifrato binario, infatti, senza la conoscenza della chiave binaria, rappresenta per una terza persona solo una successione casuale di simboli e non contiene la benché minima informazione.

5. Bob addiziona nuovamente, modulo 2, la chiave casuale al testo cifrato, riconverte la successione binaria così ottenuta in lettere e ottiene in questo modo il testo in chiaro originale di Alice.

Se si esegue esattamente il procedimento di Vernam, allora non esiste alcuna possibilità per Eva – non importa quanto lei sia intelligente e quanto veloci siano i computer quantistici di cui dispone – di risalire dal testo cifrato intercettato al testo in chiaro. E tutto ciò, molto semplicemente, perché attraverso la chiave casuale che non segue la minima legge – neppure una legge estremamente complicata – è impossibile vedere nel testo cifrato qualcos'altro che non sia una ulteriore sequenza casuale di 0 e 1. Dunque è addirittura dimostrato matematicamente che, dalla posizione di Eva, una violazione del codice è esclusa con certezza assoluta!

Pur essendo questo metodo crittografico teoricamente perfetto, la sua applicazione pratica risulta purtroppo problematica. Il problema centrale è rappresentato dal punto 1, in quanto l'esigenza di avere una chiave segreta in comune, di lunghezza pari a quella del messaggio stesso, pone nella pratica un immenso problema logistico. Inoltre, una simile chiave può essere usata una volta sola, altrimenti non si tratterebbe più di una *vera* sequenza casuale. Per questo motivo, per il fatto cioè che la chiave diventi inutilizzabile dopo un solo impiego e debba perciò venire distrutta, il metodo di Vernam viene anche detto *one-time-pad* (qualcosa come "blocco monouso"). Il *problema della distribuzione della chiave*, che nasce dall'applicazione concreta del cifrario di Vernam quando i messaggi sono lunghi, fece sì che, nell'uso comune, si affermassero piuttosto altri metodi crittografici insicuri, ma con chiavi decisamente più corte.

Essendo un difetto generale dei procedimenti crittografici simmetrici, il fatto che cifratura e decifratura abbiano lo stesso grado di complessità, nel frattempo lo sviluppo di un metodo asimmetrico, la *public-key-cryptography*, aprì negli anni '70 una nuova frontiera per la crittografia. Con la crittografia a chiave pubblica, lo scomodo problema della distribuzione della chiave cade completamente, cosicché anche soggetti che non hanno mai avuto contatti precedenti tra loro, necessari per potersi accordare su una comune chiave segreta, possono ugualmente scambiarsi informazioni in segretezza.

La asimmetria di questo procedimento crittografico dipende dalla mancanza di simmetria, in fatto di complessità, di determinate operazioni matematiche. Così per esempio, come abbiamo già osservato, la moltiplicazione di due numeri primi, pur grandi, è relativamente facile da eseguire e in poco tempo la si sbriga, mentre l'operazione inversa, che consiste nella scomposizione di un numero molto grande nei suoi fattori primi ignoti, richiede calcoli molto più laboriosi ed è molto più dispendiosa in termini di tempo. Nel caso della *scomposizione in fattori primi*, il tempo di calcolo cresce addirittura esponenzialmente con il numero delle cifre del numero da scomporre.

Per questo motivo, la *public-key-cryptography*, utilizzando operazioni di decifrazione sufficientemente complesse, è di fatto (relativamente) sicura, ma la sicurezza che offre è pesantemente minacciata dai continui progressi che avvengono nell'industria dei computer, non da ultima la possibilità – per il momento ancora abbastanza remota, ma altamente inquietante dal punto di vista crittologico – dello sviluppo dei computer quantistici.

Ed è proprio in questa problematica situazione di stallo tra l'incudine e il martello, che la nuova *crittografia quantistica* offre fortunatamente una meravigliosa soluzione: essa è in grado di risolvere in modo elegante il problema della distribuzione della chiave del cifrario di Vernam. Sia detto subito, a scanso di equivoci, che la crittografia quantistica non rappresenta un vero e proprio metodo crittografico nuovo, ma si limita piuttosto a rendere applicabile in concreto il già perfetto procedimento di Vernam. Essa consente infatti, nel contesto dell'inviolabile cifrario di Vernam, di distribuire l'indispensabile chiave segreta in modo completamente sicuro e al riparo da intercettazioni.

A questo proposito, i procedimenti quantistici per la distribuzione della chiave si possono ripartire a grandi linee in due classi: la prima utilizza sistemi fisici costituiti da una sola particella, come per esempio singoli fotoni, mentre la seconda – e storicamente più recente – sfrutta sistemi di due particelle che si trovano tra loro in correlazione EPR non locale, come accade per esempio con coppie di fotoni entangled rispetto alla direzione di polarizzazione. Per semplicità, ci occuperemo esclusivamente della prima classe.

In un articolo del 1984, due scienziati dell'IBM, Charles Bennett e Gilles Brassard, introdussero un concetto innovativo, grazie al quale, genialmente, i principi strampalati della meccanica quantistica trovavano applicazione in una tecnica di distribuzione della chiave assolutamente sicura. Dalle iniziali dei suoi autori e dall'anno di pubblicazione, questo procedimento viene detto *protocollo BB84*. Per ironia del destino, si sfrutta qui proprio quel tipico fenomeno quantistico a cui, ingiustamente, avevamo dato il nome di "problema" della misura: la riduzione di stato che avviene in modo oggettivamente casuale ogni volta che si effettua una misurazione. Anche in questo caso, per "stato quantistico" si intenderà la particolare direzione di polarizzazione di singoli fotoni; sarebbe comunque del tutto equivalente scegliere grandezze diverse quali posizione, quantità di moto o componente dello spin. La misura della direzione di polarizzazione dei fotoni, tuttavia, si è imposta nella moderna comunicazione quantistica a causa dei vantaggi sperimentali che offre.

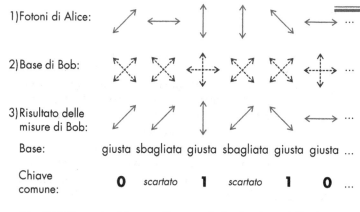

1) Fotoni di Alice:

2) Base di Bob:

3) Risultato delle misure di Bob:

Base: giusta sbagliata giusta sbagliata giusta giusta ...

Chiave comune: **0**   *scartato*   **1**   *scartato*   **1**   **0**   ...

Fig. 16.2. Esempio del procedimento di distribuzione della chiave con la crittografia quantistica

Per la trasmissione della chiave, in crittografia quantistica è naturalmente necessario associare valori binari alle direzioni di polarizzazione. Nel nostro caso, Alice e Bob hanno deciso di attribuire *per definitionem* il valore 0 ai fotoni polarizzati secondo le direzioni 0° e 45°, e il valore 1 ai fotoni polarizzati secondo le direzioni 90° e 135°.

Il rivoluzionario metodo della perfetta *distribuzione della chiave* reso possibile dalla fisica quantistica si articola in una serie di passi. Per maggior chiarezza, un esempio dell'esito dell'esecuzione di un simile protocollo BB84 è rappresentato in figura 16.2.

1. Per prima cosa, Alice invia a Bob singoli fotoni, la cui direzione di polarizzazione è scelta, in modo totalmente casuale, tra i quattro possibili valori 0°, 45°, 90° o 135°, rispetto a una direzione di riferimento fissata (nell'esempio in fig. 16.2 si tratta dell'asse orizzontale).

2. Bob effettua a sua volta una misura della direzione di polarizzazione dei fotoni di Alice, alternando, anch'egli a caso e indipendentemente da Alice, due possibili basi di misura: una base che permette di misurare correttamente le direzioni 0°/90° oppu-

re un'altra che permette di misurare correttamente le direzioni 45°/135°[7].

3. Al termine della misura, Bob dice ad Alice, attraverso un canale di informazione pubblico, quale delle due basi (0°/90° oppure 45°/135°) egli ha usato per ogni fotone, senza tuttavia svelare il risultato della sua misura (vale a dire come il fotone ha attraversato il filtro). Alice, a sua volta, dice in quali casi la base scelta da Bob conteneva la direzione di polarizzazione dei fotoni da lei inviati. Tutti i rimanenti casi, quelli cioè in cui Bob ha effettuato la misura scegliendo una base non comprendente la direzione di polarizzazione del fotone di Alice (cosa che accadrà a circa il 50% dei fotoni), vengono scartati.

Se questa procedura è portata a termine con successo, Alice e Bob possiedono alla fine una identica chiave binaria, formata da una successione assolutamente (e oggettivamente) casuale di numeri 1 e 0. Ma come fanno a essere sicuri di essere i soli in possesso di questa magnifica sequenza? C'è la possibilità di accorgersi con certezza dell'eventuale presenza della spia Eva? La fisica quantistica dice: sì!

Per controllare se il loro canale quantistico è stato eventualmente intercettato da Eva allo scopo di estorcere tutta la chiave o anche soltanto parte di essa, Alice e Bob possono scegliere a piacimento parti della chiave casuale generata seguendo i passi precedenti e confrontarle tra loro. Se Eva si fosse intromessa nel canale quantistico per effettuare misure di polarizzazione sui fotoni inviati da Alice, essa avrebbe distrutto necessariamente e irreparabilmente lo stato di polarizzazione originale dei fotoni intercettati, operando su di essi una riduzione di stato con la sua stessa misura. Eva ha soltanto una probabilità del 50% di fare arrivare a Bob un fotone identico a quello da lei intercettato. Nell'altra metà dei casi, invece, Eva sceglierà la base sbagliata e invierà a Bob un fotone avente direzione di polarizzazione diversa da quella originale.

---

[7] Se la base scelta da Bob comprende la direzione del fotone inviato da Alice, questo attraversa il filtro senza subire modifiche e viene correttamente misurato; nel caso opposto, invece, il fotone cambia la propria direzione di polarizzazione, assumendo a caso una delle due direzioni contenute nella base "sbagliata" e la misura di Bob, ovviamente, risulta scorretta. Non c'è modo per Bob (e per nessun altro!) di misurare sempre correttamente la direzione di polarizzazione del fotone in arrivo. Osserviamo inoltre che, per le convenzioni stabilite, in ogni base è presente sia una direzione che rappresenta lo 0 che una direzione che rappresenta l'1. (*N.d.T.*)

In conclusione, per la natura stessa delle leggi della meccanica quantistica, non esiste alcuna possibilità per Eva di copiare lo stato quantico del fotone inviato da Alice. Qui, naturalmente, si mostra di nuovo la potenza del così centrale teorema di *no-cloning*. Ne segue necessariamente che circa un quarto dei fotoni che Alice e Bob non scartano, ma che sono passati attraverso Eva, avranno una direzione di polarizzazione sbagliata. A questo punto – fatalmente per Eva – Alice e Bob hanno la possibilità di identificare questa parte di fotoni "difettosi" per mezzo di un semplice confronto che, come abbiamo già accennato, essi possono fare a campione su qualunque parte della chiave casuale. In questo modo, il tentativo di spionaggio da parte di Eva viene smascherato e Alice e Bob sanno che con quella chiave non possono scambiarsi messaggi in piena sicurezza.

In caso contrario, se cioè il controllo non rivela difetti (oppure ne rileva soltanto pochi, pochissimi, imputabili a errori strumentali o rumore), Alice e Bob possono star sicuri di aver generato una chiave casuale davvero segreta. Va da sé che, al termine di tutto ciò, le parti della chiave che sono state confrontate attraverso gli insicuri canali di informazione pubblici devono essere cancellate e che soltanto la parte restante della sequenza può ancora essere utilizzata come chiave.

In questo modo, la crittografia quantistica offre il massimo che ci si possa aspettare da un cifrario perfetto: la realizzazione concreta di un testo cifrato inviolabile grazie al metodo di Vernam e un infallibile controllo sulla presenza di eventuali spie in fase di distribuzione della chiave.

È degno di nota il fatto che la crittografia quantistica rappresenti in effetti la tecnologia concretamente più sviluppata di tutta l'informazione quantistica. Nel 2002, per esempio, la neonata azienda svizzera *id Quantique* presentò il primo apparecchio commerciale funzionante per la crittografia quantistica applicata. Un'altra azienda americana, nel frattempo, la *MagiQ*, ha sviluppato una serie di modelli molto attraenti e pronti per il mercato che realizzano la "distillazione" della chiave con la crittografia quantistica. Il tempo del reale sfruttamento delle assurdità e delle stranezze degli oggetti quantistici – anche se non ce ne accorgiamo ancora – è dunque già cominciato...

Gravità quantistica

A che serve una teoria quantistica della gravità?

Di fronte a un bilancio così nettamente positivo per la fisica quantistica, sia dal punto di vista dell'efficacia teorica che da quello delle promettenti applicazioni pratiche, si potrebbe a buon diritto pensare di essere arrivati a un passo dai segreti ultimi della natura. Fino a oggi, la teoria dei quanti ha ricevuto innumerevoli conferme, attraverso esperimenti sofisticatissimi, studiati nei minimi dettagli. Mai un esperimento è stato in grado di metterla seriamente in dubbio o di contraddirla, anche soltanto in parte. E chissà quante altre meravigliose innovazioni, basate sulla fisica quantistica, aspettano ancora di essere scoperte nei settori del teletrasporto quantistico, dei computer quantistici o della crittografia quantistica. Il futuro potrebbe riservarci ancora altre sorprese.

Per quanto possa dispiacere al fisico dei quanti, tuttavia, la fisica quantistica non può rappresentare la verità ultima della natura! Vi state chiedendo il perché? Nonostante tutte le conoscenze incredibilmente affascinanti e le applicazioni fantastiche che la fisica quantistica ci ha potuto procurare fino a oggi e che ancora ci procurerà nell'immediato e nel più lontano futuro, e nonostante le sue molteplici e accurate conferme sperimentali, non si può comunque tacere che anche la meravigliosa teoria dei quanti mostra già oggi i suoi limiti. Per quanto elegante possa risultare la sua formulazione e perfetto il suo funzionamento nel *microcosmo*, altrettanto evidente è il suo fallimento nel "vero" macrocosmo. Diciamo subito che il concetto di macrocosmo "vero", artificialmente introdotto qui, è un po' grossolano. Il cosmo è ripartito più propriamente in micro-, meso- e macrocosmo; tuttavia, nel lessico della fisica quantistica, si parla tradizionalmente soltanto di microcosmo e macrocosmo. Di fronte a questi estremi, il mesocosmo, cioè il nostro abituale ordine di grandezza, rappresenterebbe una porzione troppo piccola e insignificante. In realtà, però, quello che dal punto di vista quantistico viene definito macrocosmo è, generalmente parlando, il mesocosmo.

Nel *macrocosmo* dell'ordine di grandezza delle stelle, dei sistemi planetari e delle galassie, valgono le leggi della *teoria della relatività generale*. Gli effetti quantistici, di regola, non giocano alcun ruolo, perché la forza dominante sulla grande scala è la gravità, che è descritta in modo estremamente preciso ed efficace dalla teoria della relatività generale. Il comportamento dei corpi celesti, gli effetti di distorsione ottica dovuti alle lenti gravitazionali, la dipendenza di spazio e tempo dal particolare sistema inerziale in cui si effettuano le misure e tanti altri effetti relativistici vengono tutti previsti perfettamente dalla teoria della relatività. Osservazioni astronomiche ed esperimenti terrestri, o condotti in prossimità della terra, hanno sempre confermato con impressionante precisione, e senza eccezioni, la brillante teoria della relatività generale. E, tra le tante applicazioni di questa teoria, citiamo soltanto il *global positioning system (GPS)*, che raggiunge la sua precisione grazie all'uso delle formule della relatività generale.

Finché è possibile, a colpo d'occhio, ripartire i fenomeni fisici tra microcosmo e macrocosmo non si dovrebbe cadere in grossi conflitti di descrizione con questa fisica sdoppiata, se scegliamo di volta in volta le leggi appropriate. È il caso, per esempio, del calcolo di orbitali atomici, da un lato, e della determinazione della traiettoria dei consueti corpi celesti, dall'altro.

Dobbiamo tuttavia constatare che, in determinate circostanze, o meglio, in certi ambiti, la natura non si presta più a essere ripartita esattamente nei domini di validità della fisica quantistica o della teoria della relatività generale. Esistono infatti oggetti fisici problematici che richiedono, per così dire, entrambe le descrizioni. Un esempio famoso è dato da quelle entità che, a causa dell'immensa forza di gravità che sviluppano e che impedisce perfino alla luce di sfuggire da esse, vengono chiamate *buchi neri*. Un ulteriore esempio sarebbe lo stesso, misterioso *big bang*, la gigantesca esplosione che avrebbe generato l'universo. Il motivo per cui, in questi casi, non si può operare una scelta *univoca* tra la descrizione per mezzo della relatività generale e quella per mezzo della fisica quantistica, sta nel fatto che la presenza di masse pressoché smisurate obbliga ad adottare una prospettiva relativistica, ma la loro estrema concentrazione in piccolissime porzioni di spazio coinvolge necessariamente effetti quantistici e dunque esige l'applicazione della fisica quantistica. E qui cominciano i guai, perché nel caso dei buchi neri, per esempio, la teoria della relatività generale prevede l'esistenza di *singolarità*, luoghi cioè con curvatura spazio-temporale infinita, cosa che però non è assolutamente possibile dal punto di vista quantistico.

In questi casi fisici estremi, quando masse gigantesche si concentrano su scala microscopica, come nel *big bang* o nei buchi neri, effetti relativistici ed effetti quantistici devono necessariamente agire insieme. Tuttavia, nel momento in cui si cerca di riunire queste due descrizioni parziali della natura per dar vita a un'unica descrizione onnicomprensiva, i due edifici teorici crollano su se stessi, dando origine a inconsistenze. La semplice combinazione delle teorie dà luogo necessariamente a una costruzione inconsistente che, con le sue previsioni assurde o palesemente false, pregiudica in partenza la propria applicabilità. Ecco che allora si pone la domanda obbligatoria sull'esistenza o meno di un'unica teoria universale.

C'è una soluzione al conflitto tra le due teorie?

Da più di 100 anni, la ricerca di una soluzione a questo formidabile problema della fisica, cioè la mancanza di una teoria finale universale, è stata l'oggetto degli sforzi dei più celebri fisici e matematici. Finora, tuttavia, non è stato possibile costruire una *teoria del tutto*, la *TOE* (dall'inglese: *theory of everything*), anche chiamata spesso la *formula del mondo*.

Ciononostante, alcuni tentativi, in parte molto promettenti, sono già stati fatti in questo senso. Si tratta delle teorie che vanno sotto il nome di *gravità quantistica* e che hanno come scopo l'unificazione della *teoria quantistica dei campi* con la *teoria della relatività generale*. Col termine di teoria quantistica dei campi si intende una sorta di fisica quantistica moderna, compatibile con la relatività ristretta, una teoria, cioè, che estende le classiche teorie dei campi introducendo la quantizzazione del campo stesso.

La teoria quantistica dei campi contiene al proprio interno tre diverse teorie di campo quantistiche, ciascuna delle quali descrive una interazione fondamentale. La *cromodinamica quantistica* (QCD) è la teoria dell'interazione forte, che agisce tra i quark (vedere il cap. 1). L'*elettrodinamica quantistica* (QED) descrive invece l'interazione elettromagnetica e, nella sua versione estesa, la cosiddetta *quantum flavourdynamics* (QFD), abbraccia anche l'interazione debole e descrive così l'interazione elettrodebole. La teoria quantistica dei campi è data dunque dall'associazione della cromodinamica quantistica con la *quantum flavourdynamics*.

La quarta interazione fondamentale, ossia la *gravità*, viene invece notoriamente descritta attraverso la classica *teoria della relatività generale*, una teoria del campo che non si è ancora riusciti a quantizzare con successo.

Il compito dei fisici che si occupano di gravità quantistica è così quello di armonizzare una teoria del campo gravitazionale quantizzata con le teorie quantistiche dei campi. Abbiamo già detto che, non di rado, questa impresa è fallita e si è andati a parare in vicoli ciechi. Tra i diversi approcci esistenti alla gravità quantistica, tuttavia, vogliamo ora esaminare quelli più promettenti.

Tra le teorie della gravità quantistica, le due "principali indiziate", quelle cioè che vantano il maggior numero di aderenti tra i fisici, sono la *teoria delle stringhe* e la *gravità quantistica a loop*. Accanto a questi due gruppi principali, si apre un ampio ventaglio di approcci diversi, per lo più (ancora) oscuri e spaventosamente complicati, sviluppati solitamente da singole individualità del mondo scientifico. Tuttavia, simili *one man theories* si affermano davvero raramente negli alti circoli specialistici e non raggiungono perciò una grande popolarità.

La differenza tra le due principali teorie della gravità quantistica sta primariamente nel loro diverso punto di partenza.

La teoria delle stringhe è stata concepita sulla base delle teorie quantistiche dei campi con il proposito di innestarvi i principi decisivi della teoria della relatività generale, cioè di integrarvi l'interazione gravitazionale. Nel caso di questa teoria, dunque, si è cominciato su piccola scala per poi procedere concettualmente dal piccolo al grande.

Il punto di partenza della gravità quantistica a loop, invece, è esattamente l'opposto: non il microcosmo, ma il macrocosmo. La teoria della relatività generale, che domina sulla grande scala, dovrebbe essere trasformata, attraverso una quantizzazione, in una teoria quantistica del campo gravitazionale, per costruire, assieme alla cromodinamica quantistica e alla *quantum flavourdynamics*, la teoria del tutto.

Questa descrizione della situazione è un po' tirata per i capelli e lascerebbe credere che le due teorie, distinguendosi solo per la direzione di percorrenza tra gli stessi punti di partenza e arrivo, debbano sfociare nella medesima teoria della gravità quantistica. Le cose non sono in verità così semplici! Sia sotto il profilo fisico che concettuale, sussistono tra queste due teorie differenze molto importanti.

Che cosa dice la teoria delle stringhe?

Alla base della teoria delle stringhe c'è l'ipotesi che la materia sia costituita da fili fondamentali di energia unidimensionali, che vengono chiamati *stringhe* (dall'inglese *string* = corda). Queste stringhe, che possono esistere in forma aperta o chiusa e che, secondo la teoria, hanno dimensioni estremamente piccole, sono in grado di vibrare in modi diversi, come le corde di un violino o di un'arpa. Ogni particella elementare esistente (come, per esempio, up-quark, down-quark, elettrone ecc.) viene rappresentata attraverso una stringa, oscillante secondo un ben determinato motivo.

Il tratto speciale e promettente di questa teoria è il fatto che essa sostituisca le *particelle puntiformi* zero-dimensionali del modello standard della fisica delle particelle elementari con le stringhe uno-dimensionali che, pur essendo minuscole, occupano tuttavia un volume finito. Un presupposto della teoria delle stringhe, che a tutta prima può apparire un po' astratto, ma che è necessario in questo contesto, è il fatto che, in accordo con essa, lo spazio non debba avere più soltanto le solite, ben note tre dimensioni, bensì 26 dimensioni spaziali nelle quali le stringhe oscillano. Per quanto ciò possa apparire strano e oscuro, grazie a questo presupposto la teoria delle stringhe consente di colpo l'unificazione tra la teoria della relatività generale e la teoria quantistica dei campi.

Nonostante questo primo e indubbiamente grandioso successo, la teoria delle stringhe possedeva ancora qualche piccolo neo, per via di alcune sue ulteriori previsioni purtroppo indifendibili, a cui però fu possibile porre rimedio. Negli anni '80, infatti, si constatò che, nella sua forma estesa per mezzo del principio della *supersimmetria* (SUSY), era possibile ripulire la teoria da queste incongruenze. Ciò poté avvenire considerando l'esistenza di una simmetria, all'interno delle particelle elementari, tra i *fermioni* (particelle con spin semi-intero) e i *bosoni* (particelle con spin intero): la teoria della supersimmetria prevede infatti, a fianco delle particelle note, altre nuove particelle partner supersimmetriche, i *SUSY partner* (per esempio, gli squark associati ai quark e i selettroni agli elettroni). La teoria delle *superstringhe* che ne risulta e che richiede per fortuna soltanto 9 delle 26 dimensioni spaziali originali, costituisce una prima teoria fisica seriamente applicabile alla realtà.

Si mostra inoltre che ci sono addirittura 5 tipi diversi di teorie delle superstringhe, i quali – così almeno si suppone dall'analisi di contesti più complessi – fanno tutti parte di un'unica *M-teoria* superiore. La formulazione di questa teoria, tuttavia, rimane fino a oggi un grande enigma e rappresenta una delle sfide più impegnative per gli attuali teorici delle superstringhe.

A seconda del personale grado di "ottimismo" dei teorici delle superstringhe, la probabilità di scoprire una M-teoria in tempi ragionevoli viene stimata molto alta o molto bassa. Finora, il principale problema della teoria delle superstringhe – altrimenti così efficace – sembra risiedere nella sua proprietà di "dipendenza dallo sfondo", cioè nel fatto che essa non è indipendente dallo sfondo spazio-temporale. Questo punto debole viene invece superato in modo elegante dalla concorrente teoria della gravità quantistica a loop.

Che cosa dice la gravità quantistica a loop?

Alla base della più recente delle due teorie della gravità quantistica che qui consideriamo, stanno due principi fondamentali della teoria della relatività generale: l'indipendenza dallo sfondo e l'invarianza sotto diffeomorfismo, strettamente legata a essa.

Col termine *indipendenza dallo sfondo* di una teoria fisica si intende la sua capacità di comprendere dinamicamente lo spazio e il tempo al proprio interno, senza doverli introdurre "artificialmente" e staticamente, come se fossero uno sfondo fisso nel quale avvengono i fenomeni fisici studiati dalla teoria stessa. Di conseguenza, la geometria dello spazio-tempo, su scala microscopica, non è fissata staticamente, ma dinamicamente. Ciò tuttavia non vale per la teoria delle superstringhe che, al contrario, è dipendente dallo sfondo.

L'*invarianza sotto diffeomorfismo* dice inoltre che tutti i sistemi di riferimento sono equivalenti per la descrizione dello spazio-tempo. Non esistono sistemi di riferimento privilegiati o superiori rispetto agli altri per descrivere lo spazio-tempo.

A partire da questi due principi fondamentali, attraverso calcoli molto complessi, è possibile derivare la struttura dello spazio-tempo che, secondo la teoria, è quantizzato, sussiste cioè in unità discrete. Il nome di gravità quantistica a loop (in inglese, *loop* = circuito, ciclo), in italiano chiamata anche *geometria quantistica*, è dovuto all'ipotesi che essa fa dell'esistenza di piccolissimi cicli nello spazio-tempo.

Nella gravità quantistica a loop, gli *stati quantici dello spazio* vengono descritti attraverso un'entità chiamata *spin network*, ovvero rete di spin, che è composta da nodi e linee. I volumi elementari dei quali si compongono queste reti sono sempre determinati in funzione di una precisa lunghezza minimale, la *lunghezza di Planck* (vedere l'equazione (17.8)). Il numero dei possibili volumi elementari viene di conseguenza stabilito dal valore della lunghezza di Planck ed è dunque limitato, con un volume minimo dato dalla *lunghezza di Kubik-Planck*.

Tuttavia, secondo la gravità quantistica a loop, non è soltanto lo spazio a essere granuloso: anche il tempo è formato da unità discrete, minimali, chiamate, in analogia alla lunghezza di Planck, *tempo di Planck* (vedere l'equazione (17.9)). Un tempo di Planck rappresenta allora il più piccolo arco di tempo che abbia un significato fisico.

L'evoluzione temporale della geometria dello spazio viene determinata dagli *stati quantici dello spazio-tempo*. Estendendo gli stati quantici del solo spazio in modo da comprendere anche la dimensione del tempo, dalla rete di spin si origina una cosiddetta *schiuma di spin*. Le linee e i nodi della *spin network* diventano così le superfici e le linee della schiuma di spin.

I risultati eccezionali di questa teoria della gravità quantistica – oltre all'obbligatoria unificazione della relatività generale con la teoria quantistica del campo – consistono soprattutto nella sua indipendenza dallo sfondo e nel fatto che, al contrario ancora una volta della teoria delle superstringhe, essa non necessita affatto di dimensioni spaziali aggiuntive.

Una piccola conseguenza secondaria – ma indiscutibilmente significativa – della teoria della gravitazione quantistica a loop sta inoltre nel fatto che essa, modificando l'affermazione centrale della teoria della relatività ristretta, abbandona il postulato dell'assoluta costanza della velocità della luce nel vuoto per sostituirlo con l'ipotesi che i fotoni estremamente energetici possano muoversi a una velocità impercettibilmente superiore. Un'ipotesi audace e quasi sfacciata, si direbbe.

Esistono anche affinità tra le teorie della gravità quantistica?

Nonostante le due teorie appena discusse si distinguano nettamente dal punto di vista concettuale, è possibile constatare che, fortunatamente, in alcuni punti fondamentali esse sono in accordo. Di per sé è già notevole il fatto che esse, a dispetto dei diversi punti di partenza e delle differenti descrizioni fisiche cui danno luogo, forniscano risposte identiche alla maggior parte delle domande.

Entrambe, inoltre, utilizzano cicli, anche se questi, visti più in dettaglio, hanno forme visibilmente diverse: "fili di energia" oscillanti in un caso e cicli spaziali assolutamente poco intuitivi e matematicamente complicati nell'altro.

Un'ulteriore analogia è data dalla comune previsione dell'esistenza di un determinato ordine di grandezza nel quale gli effetti quanto-gravitazionali prendono il sopravvento. L'idea di un simile ordine di grandezza, sorprendentemente, risale già alle riflessioni di Max Planck del 1899 (!), motivo per cui questa scala viene anche detta *scala di Planck*. Come vedremo, questo risultato ha quasi del miracoloso, poiché a quel tempo la costante di Planck – che permette di derivarlo con relativa facilità – non era ancora entrata a far parte dei canoni della fisica e il suo valore non poteva neppure essere determinato con accuratezza. Tanto più impressionante risulta allora l'elevata precisione con cui Planck, prima ancora della nascita della teoria quantistica, poté prevedere l'ordine di grandezza della scala che porta oggi il suo nome. Le fondamentali *unità di Planck* che qui intervengono, rispecchiano alcuni risultati della combinazione di effetti quantistici ed effetti relativistici. La già citata lunghezza di Planck è un'unità di Planck che rappresenta la più piccola lunghezza a cui può essere attribuita rilevanza fisica. Essa si ottiene dalla fondamentale riflessione su quanto piccolo possa essere un buco nero (che dal punto di vista strettamente relativistico è una singolarità di dimensione zero) senza che la certezza o la concretezza della sua posizione contraddicano la relazione di indeterminazione di Heisenberg. Il raggio limite che un oggetto di massa *m* deve raggiungere per far sì che, alla sua superficie, la velocità di fuga (necessaria cioè per sfuggire alla sua attrazione gravitazionale) eguagli proprio la velocità della luce, ossia affinché l'oggetto diventi proprio un buco nero, venne calcolata da Karl Schwarzschild (1873–1916) che ottenne l'espressione

$$r = \frac{2\gamma m}{c^2}, \qquad (17.1)$$

dove γ rappresenta la costante gravitazionale il cui valore è pari a $\gamma = 6.673 \cdot 10^{-11}$ m^3/(kg s^2). In onore del suo scopritore, questo raggio viene chiamato *raggio di Schwarzschild*.

La domanda che ci porta dritti alla lunghezza di Planck riguarda adesso le dimensioni minime che un oggetto di massa *m* può avere affinché il suo raggio di Schwarzschild *r* non sia più grande dell'indeterminazione sulla sua posizione, perché questo contraddirebbe il *principio di indeterminazione di Heisenberg*. Pensiamo in proposito di portare la relazione di indeterminazione alle estreme conseguenze. Immaginiamo un oggetto fisico minuscolo che sia (pressoché) fermo o possieda una velocità trascurabile *v* e che, al contempo, sia il più possibile localizzato. La sua quantità di moto *p* in corrispondenza della minima indeterminazione possibile sulla posizione x_{min} è data allora da

$$p_{min} = \frac{\hbar}{2 \, x_{min}}. \qquad (17.2)$$

Secondo l'*equivalenza energia-massa* relativistica, la massa a riposo di questa particella vale

$$E = mc^2 = p \cdot c. \qquad (17.3)$$

Sostituendo la (17.2) nella (17.3) otteniamo

$$mc^2 = \frac{\hbar}{2\,x_{min}} \cdot c \qquad (17.4)$$

e risolvendo secondo m segue che

$$m = \frac{\hbar}{2\,x_{min}\,c}. \qquad (17.5)$$

Sostituendo la (17.5) nella formula del *raggio di Schwarzschild* (17.1) abbiamo

$$r = \frac{2\,\gamma}{c^2} \frac{\hbar}{2\,x_{min}\,c} = \frac{\hbar\,\gamma}{x_{min}\,c^3} \qquad (17.6)$$

e con $x_{min} = r$ otteniamo finalmente la seguente relazione per la più piccola estensione che un oggetto fisico può avere

$$x_{min}^2 = \frac{\gamma \cdot \hbar}{c^3}. \qquad (17.7)$$

Come valore della *lunghezza di Planck* otteniamo di conseguenza

$$l_{Planck} = \sqrt{\frac{\gamma \cdot \hbar}{c^3}} \approx 1,616 \cdot 10^{-35}\ \text{m}. \qquad (17.8)$$

Bisogna ammettere che si tratta di una lunghezza talmente piccola da superare qualsiasi umana capacità di immaginazione. Secondo la gravità quantistica, tuttavia, qui non si arrende soltanto la forza di immaginazione, ma viene meno la natura stessa, che non ammette proprio strutture fisiche più piccole di questa lunghezza di Planck.

Come abbiamo già detto, secondo la gravità quantistica non è poi soltanto lo spazio a essere granuloso, ma anche il tempo. Dal tempo impiegato dalla luce per percorrere una distanza pari alla lunghezza di Planck, si può derivare il valore del più piccolo tempo possibile, il *tempo di Planck*

$$t_{Planck} = \sqrt{\frac{\gamma \cdot \hbar}{c^5}} \approx 5,392 \cdot 10^{-44}\ \text{s}. \qquad (17.9)$$

La gravità quantistica è ancora fisica o già filosofia?

Dobbiamo ammettere che i presupposti, davvero creativi, della teoria delle superstringhe, della gravità quantistica a loop ecc. non appaiono proprio realistici, corrispondenti all'intuizione umana o anche soltanto lontanamente comprensibili con l'umano buon senso. La materia sarebbe davvero formata da "fili di energia" che ondeggiano in uno spazio-tempo 10-dimensionale? E l'universo sarebbe veramente costruito su una schiuma di spin, fatta da minuscoli cicli spaziali? Perfino nei film di fantascienza, teorie simili potrebbero apparire esagerate. Vi sembrano assunti audaci, ingenui e insensati?

Il problema che getta un'ombra su queste teorie è semplicemente il fatto che esse fanno assunzioni e previsioni le quali, almeno per il momento, non sono in alcun modo verificabili direttamente. Affermazioni sulla granulosità dello spazio-tempo a un ordine di grandezza di 10^{-35} m non dicono molto al critico fisico sperimentale. Come può costui verificare simili "piccolezze" se gli ordini di grandezza degli atomi, la cui risoluzione è già poco praticabile, superano di un favoloso fattore 10^{20} (!) le dimensioni della "mitica" lunghezza di Planck? Secondo alcune stime, le previsioni della teoria delle superstringhe potranno essere verificate soltanto per mezzo di acceleratori di particelle delle dimensioni del nostro sistema solare o addirittura dell'intera via lattea. Questa possibilità di verifica non ci sarà certamente accessibile in tempi brevi.

Non stupisce che, per questi e altri analoghi motivi, una parte molto consistente della comunità dei fisici provi non poca avversione nei confronti delle teorie della gravità quantistica e le ritenga vere e proprie insensatezze, adatte più per filosofi e metafisici che per veri scienziati.

Naturalmente, per evidenti motivi, questa dura critica non si può liquidare come del tutto ingiusta. A questo punto, però, vorrei segnalare molto chiaramente l'analogia con la vecchia domanda circa l'esistenza o meno delle variabili nascoste, che pure non erano direttamente misurabili. Se la storia stupefacente della inequivocabile dimostrazione della non esistenza di variabili nascoste locali e realistiche qualcosa ci ha insegnato, ebbene, questo è proprio il fatto che semplicemente non si può sapere in anticipo che cosa è accessibile e che cosa non è accessibile alla *scienza em-*

pirica. Le variabili nascoste locali e realistiche si sottraggono già in linea di principio a ogni verifica diretta, questo è un fatto irrefutabile, ma ciò non significa che esse non siano accessibili alla scienza empirica, vale a dire che non sia possibile confermare o smentire sperimentalmente la loro esistenza.

Allo stesso modo, secondo me, vanno considerate le affermazioni delle teorie della gravità quantistica, perché non si può dire nulla su che cosa sia empiricamente rilevabile finché non lo si è misurato. Siccome i contenuti non accessibili alla scienza empirica ci sono preclusi, neppure i confini della scienza empirica stessa *possono* essere conosciuti.

Per fortuna, tuttavia, almeno la gravità quantistica a loop fa alcune previsioni che potranno essere verificate eventualmente nel prossimo futuro. L'affermazione secondo la quale, a causa della discontinuità dello spazio-tempo, quanti gamma altamente energetici si propagano nella spin network più velocemente di quanto non facciano quanti meno energetici, potrebbe già essere verificata con sufficiente precisione grazie a misurazioni fatte dai satelliti terrestri. Il GLAST (*Gamma-ray Large Area Space Telescope*) esegue dal 2006 queste misure e forse potrà fornire una conferma o una smentita della teoria della gravità quantistica a loop. Soltanto l'esperimento, infatti, come pietra di paragone, può stabilire se tutte queste teorie fisiche, pur così promettenti ed eleganti, costituiscano una precisa descrizione della natura o siano soltanto pura fantasia.

Al cospetto di questo grande obiettivo della fisica: la ricerca del suo "Santo Gral", la teoria del tutto, e di fronte a tutti i vicoli ciechi che sempre nuovamente si imboccano nel corso di questa indagine, vorrei concludere citando un passo di una lettera di Albert Einstein al suo collega David Bohm.

Se Dio ha creato il mondo, la sua preoccupazione principale non era sicuramente quella di farlo in modo che noi potessimo capirlo.[1]

Questa mi sembra essere una constatazione che, di quando in quando, ogni fisico in carne e ossa è costretto a fare. Se, da un lato, la nostra moderna conoscenza della natura del cosmo è, fino

---

[1] *"Falls Gott die Welt geschaffen hat, war seine Hauptsorge sicherlich nicht, sie so zu machen, dass wir sie verstehen können"*. A. Calaprice: Einstein sagt – Zitate, Einfälle, Gedanken (Piper, 2004); p. 184.

ai giorni nostri, meravigliosa e articolata, dall'altro, tuttavia, forse proprio per questo, mai come ora siamo consapevoli di non avere ancora raggiunto l'ultimo obiettivo. Il grande enigma sta lì davanti a noi, ancora irrisolto e aspetta di essere indagato. La teoria del tutto giace ancora nascosta da qualche parte, celata dalla affascinante, sottile e sublime essenza stessa della natura.

C'è probabilmente soltanto una cosa che si può dire con certezza assoluta: il futuro della gravità quantistica è *relativamente indeterminato*!

Postfazione

Al termine del nostro piccolo viaggio attraverso il micro e il macrocosmo, dopo avervi introdotto un poco nel modo dei quanti, vorrei concludere trattando ancora due punti.

Il primo di essi è la forma e la metodologia di questo libro. Come avete potuto notare, i singoli paragrafi dei capitoli sono sempre introdotti da una domanda specifica. Con questo metodo, ho corso l'inevitabile rischio di apparire troppo scolastica e dare l'impressione che, secondo la vecchia massima dei maestri, "al mondo ci sia soltanto un numero finito di domande, per ciascuna delle quali c'è esattamente una risposta corretta che tutti possono imparare".

Spero ardentemente che si sia capito che non è proprio questo il caso, specialmente nella fisica quantistica! Naturalmente è un fatto incontestabile che al giorno d'oggi – quando una parte significativa del prodotto interno lordo dei moderni stati industrializzati si poggia sulla conoscenza altamente avanzata del microcosmo (elettronica dei semiconduttori, microprocessori, laser, nanotecnologie ecc.) – una considerevole quantità del lavoro si esaurisce all'interno delle conoscenze assodate dei meccanismi quantistici.

E tuttavia, forse proprio per questo, tra i moderni fisici dei quanti esiste un'inaspettata discordanza riguardo all'interpretazione fisica del formalismo matematico della meccanica quantistica, che di regola, invece, non si discute. Proprio questa mancanza di unità e questa molteplicità di punti di vista specialistici che vi si riflettono, assieme al fatto che finora – nonostante le applicazioni degli astratti fenomeni quantistici stiano rapidamente prendendo piede – noi non possediamo ancora una risposta univoca all'interpretazione del formalismo matematico alla base della meccanica quantistica, tutto ciò rappresenta proprio il nucleo stesso del paradosso della fisica quantistica, che perdura nel tempo e che suscita tanta passione.

Vorrei poi aggiungere che, dal canto mio, non posso certo essere considerata la persona più adatta a risolvere gli attuali enigmi della fisica quantistica. Nella mia modesta posizione di ragazza di 17–19 anni in procinto di dare l'esame di maturità e senza ancora una laurea in fisica, anche soltanto l'esposizione di simili enigmi ha rappresentato una vera sfida. In fin dei conti, ho raggiunto le mie conoscenze sul mondo dei quanti esclusivamente come autodidatta.

Per questo vorrei ringraziare tutti gli autori che, attraverso i loro libri e i loro articoli, mi hanno permesso di immergermi nel meraviglioso mondo della fisica quantistica, a cui altrimenti non avrei potuto avere accesso. Svariate derivazioni e modi di spiegare le cose sono farina del mio sacco, anche se talvolta, in fase di preparazione, con le mie idee mi sono cacciata in vicoli ciechi. Ciononostante, questa sfida sempre più si è trasformata per me in un'attività affascinante e coinvolgente e spero di aver trasferito un pochino di questo fascino nelle pagine che ho scritto. Confido comunque nella vostra clemenza, se in questo o quel punto emerge qualche ambiguità.

Vorrei qui esprimere di cuore i miei ringraziamenti a quelle persone che si sono mostrate disponibili a starmi a fianco e sono state capaci di sostenermi quando, al termine di quasi due anni di lavoro, il manoscritto di per sé era già pronto e si trattava di entrare nella fase finale del libro. Queste persone sono, tra gli specialisti della fisica quantistica, l'esperto e incredibilmente colto prof. Aris Chatzidimitriou-Dreismann (Università Tecnica di Berlino) e l'eccezionale e versato dott. Erich Joos, il quale, attraverso innumerevoli e preziosi commenti, ha dato allo scritto il tocco finale.

Vorrei anche ringraziare il mio professore del liceo, il disponibilissimo dott. Herbert Voß (Liceo Canisius), per avermi aiutato con LATEX 2_ε, il programma professionale per la composizione dei testi. Ho saputo apprezzare enormemente il suo aiuto soprattutto nella fase iniziale di "ambientamento" che LATEX richiede.

Ma, naturalmente, il mio ringraziamento va soprattutto alla mia amata famiglia – mia madre, mio padre, mia sorella e il mio cane – che mi ha sempre sostenuto sotto ogni aspetto con il suo amore (anche se talvolta accompagnato da scuotimenti di testa leggermente imbarazzati) e non mi ha mai negato i mezzi economici indispensabili per procurarmi le montagne di libri di cui sempre più avidamente divoravo il contenuto.

E non da ultimo, vorrei qui ringraziare voi, gentilissimi lettori, che avete resistito fino alla fine. Spero che, come introduzione ai temi emozionanti della meccanica quantistica, questa sia stata una lettura abbastanza riuscita e che non abbia mancato di molto il proprio scopo: essere a un tempo divertente, impegnativa e istruttiva.

Infine, del tutto personalmente, spero che queste pagine abbiano trasmesso al lettore un po' del fascino e dell'entusiasmo che io stessa ho provato dal momento del mio primo contatto con questa disciplina indescrivibilmente misteriosa e costantemente capace di spingere l'umano buon senso sull'orlo del baratro che è la fisica quantistica. *Grazie di cuore!*

Glossario

caso oggettivo: il caso, proprio della meccanica quantistica, che deriva dalla non esistenza di variabili o parametri nascosti che determinano i fenomeni.

caso soggettivo: l'apparente casualità che deriva dalla mancanza di informazioni circa un processo deterministico (per esempio: lancio di un dado, gioco del lotto, ecc.).

causalità: principio per il quale tra causa ed effetto sussiste un nesso inevitabile.

completezza: una teoria fisica si dice completa quando a ogni elemento della realtà fisica può essere associato un elemento corrispondente nella teoria.

consistenza: una teoria fisica è consistente se non contiene alcuna contraddizione interna.

corpo nero: un oggetto ideale che assorbe qualunque radiazione elettromagnetica che lo investe. In concreto, i corpi neri vengono approssimati con corpi cavi aventi un piccolo buco, in modo che la radiazione riflessa internamente non possa uscire ma venga "assorbita" nella cavità.

costante di Planck h **(= quanto di azione):** la costante fondamentale della meccanica quantistica, il cui valore è pari a circa $6{,}626 \cdot 10^{-34}$ Js. Anche la grandezza derivata $\hbar = h/(2\pi) \approx 1{,}055 \cdot 10^{-34}$ Js viene detta costante di Planck.

criterio di realtà: qualunque grandezza fisica è un elemento della realtà quando essa esiste in modo oggettivo, indipendentemente dall'osservatore e può essere misurata senza essere disturbata da quest'ultimo (definizione di Einstein).

decoerenza: l'irreversibile scomparsa della sovrapposizione degli stati quantistici attraverso l'inevitabile interazione con il loro ambiente.

determinismo: visione classica del mondo secondo la quale passato e futuro di un sistema fisico isolato – e perfino dell'intero universo – sono univocamente determinati ("il demone di Laplace").

dualismo onda-particella: principio fondamentale della fisica quantistica per il quale gli oggetti quantistici, a seconda del tipo di esperimento cui sono sottoposti, possono mostrare sia un comportamento corpuscolare che ondulatorio.

effetto Doppler: fenomeno noto dalla teoria dei processi ondulatori, per il quale, all'avvicinarsi dell'emittente e del ricevente le onde, la frequenza di queste ultime aumenta, mentre al loro allontanarsi diminuisce.

entanglement: uno stato caratteristico della fisica quantistica senza analogo classico, nel quale due o più oggetti quantistici si trovano in correlazione tra loro. Sistemi quantistici entangled possono essere generati, per esempio, con sorgenti EPR.

equazione di Schrödinger: l'equazione fondamentale della meccanica quantistica non relativistica che descrive l'evoluzione temporale dello stato di un sistema quantistico rappresentato attraverso la funzione d'onda Ψ.

fisica classica: la fisica basata sulle leggi della meccanica classica, dell'elettromagnetismo, della termodinamica, dell'ottica, ecc.; essa potè imporsi fino agli inizi del XX secolo ($\neq$ fisica moderna).

fisica moderna: la fisica sviluppata a partire dall'inizio del XX secolo e che comprende la teoria della relatività e la teoria quantistica.

formula del mondo: vedere **theory of everything**.

fotomoltiplicatore: un rivelatore che, grazie a un effetto amplificante, permette di registrare con precisione la radiazione elettromagnetica (soprattutto a intensità molto basse).

funzione d'onda: la funzione d'onda quantistica ha la forma di una classica funzione d'onda che si ottiene come soluzione dell'equazione di Schrödinger e che dà lo stato Ψ di un'onda materiale in dipendenza dello spazio e del tempo. È definita nello spazio delle configurazioni.

gravità quantistica: teorie che unificano la teoria quantistica del campo e la teoria della relatività generale. I due approcci più significativi in questo senso sono la teoria delle superstringhe e la gravità quantistica a loop.

inconsistenza: una teoria fisica è inconsistente quando è in se stessa contraddittoria.

interazioni fondamentali: le quattro interazioni, o forze, fondamentali sono l'interazione forte, l'interazione debole, la forza elettromagnetica e la gravità. Le prime tre sono state unificate nel modello standard della fisica delle particelle elementari, mentre l'inclusione della quarta ancora sfugge.

isotropo: uniforme e uguale in tutte le direzioni.

istantaneo: immediato, senza ritardo temporale.

località: date due particelle A e B, si parla di località quando un qualsiasi evento che interessa A non ha alcuna possibilità di influire su B; le particelle A e B si dicono così localmente separate tra loro.

macroscopico: nel linguaggio della fisica quantistica rappresenta il contrario di "microscopico" e si riferisce a ordini di grandezza nei quali gli effetti quantistici sono trascurabili. Nell'uso comune, si riferisce a ordini di grandezza nei quali gli effetti relativistici diventano decisivi.

microscopico: si riferisce a ordini di grandezza nei quali gli effetti quantistici sono importanti.

modello standard della fisica delle particelle elementari: la teoria consolidata della fisica delle particelle elementari che unifica tre delle quattro interazioni o forze fondamentali (tutte tranne la gravità) e rappresenta dunque la sintesi tra la cromodinamica quantistica e la teoria elettrodebole.

Glossario

oggetto quantistico: un oggetto che deve essere descritto per mezzo della fisica quantistica, non potendo essere considerato né una semplice onda né una semplice particella.

onde coerenti: onde che possiedono una ben determinata relazione di fase.

principio di indeterminazione: principio fondamentale della meccanica quantistica per il quale non è mai possibile determinare contemporaneamente e con precisione arbitraria sia la posizione che la quantità di moto di un oggetto quantistico.

principio di sovrapposizione: in meccanica quantistica, si tratta del principio per cui anche ogni combinazione lineare di due stati possibili Ψ_1 e Ψ_2 rappresenta un nuovo stato possibile $\Psi = a\Psi_1 + b\Psi_2$ (il motivo risiede nella linearità dell'equazione di Schrödinger).

quanto: un quanto è la più piccola unità di una grandezza fisica. La più piccola unità di radiazione elettromagnetica, per esempio, è il fotone, o quanto di luce.

quanto di luce (= fotone): la più piccola unità di luce, ossia della parte visibile dello spettro elettromagnetico (spesso usato, più in generale, per tutte le frequenze dello spettro).

qubit: un sistema fisico quantistico che può assumere due stati quantistici perpendicolari tra loro (per esempio: lo spin di una particella o la polarizzazione di un fotone).

radiazione monocromatica: "luce di un solo colore"; radiazione che contiene una sola frequenza e dunque anche una sola lunghezza d'onda.

sistema di riferimento inerziale: un sistema di riferimento nel quale ogni corpo che non è soggetto a forze mantiene il suo stato di quiete o di moto rettilineo uniforme ($\neq$ sistema di riferimento accelerato).

spazio delle configurazioni: lo spazio di tutti gli stati propri (interpretabili classicamente) possibili per un oggetto quantistico, la cui dimensione dipende dal numero di gradi di libertà. La funzione d'onda quantistica è definita sullo spazio delle configurazioni; soltanto in alcuni importanti casi eccezionali (singole masse puntiformi), quest'ultimo coincide con l'ordinario spazio a tre dimensioni.

spin: una sorta di analogo quantistico del classico momento della quantità di moto di un oggetto macroscopico; assume sempre valori che sono multipli interi o semi-interi di $\hbar$. Le particelle con spin semi-intero si chiamano fermioni e ubbidiscono a leggi caratteristiche diverse da quelle che governano le particelle con spin intero, che vengono invece chiamate bosoni.

teorema di no-cloning: Uno stato quantistico incognito non può essere duplicato perfettamente, cioè senza errori.

teoria della relatività generale: teoria che estende la relatività ristretta e descrive anche la gravità e i moti accelerati. Le forze gravitazionali sono qui ricondotte alla curvatura dello spazio-tempo quadridimensionale.

teoria della relatività ristretta: la teoria dello spazio e del tempo che si basa sulla costanza della velocità della luce e che elimina le contraddizioni tra la meccanica classica e l'elettromagnetismo.

teoria quantistica dei campi: la forma quantizzata delle teorie dei campi, costituita dalla cromodinamica quantistica (QCD), dall'elettrodinamica quantistica (QED) e dalla teoria dell'interazione debole.

theory of everything (TOE): teorie che abbracciano tutte e quattro le interazioni fondamentali e dunque riuniscono in un'unica teoria la relatività generale e la teoria quantistica dei campi.

variabili nascoste (= parametri nascosti): ipotetiche variabili fisiche alle quali viene attribuita realtà ma che, per principio, non sono misurabili. Le teorie deterministiche si basano sull'ipotesi della loro esistenza. La non esistenza di variabili nascoste locali e realistiche, tuttavia, è stata provata sperimentalmente.

Letture ulteriori

Monografie e libri di testo

J. Baggott: *Beyond Measure* (Oxford University Press, 2004)

J. Bell: *Speakable and Unspeakable in Quantum Mechanics* (Cambridge University Press, 2004)

C. Berkeley Kittel: *La fisica di Berkeley. 4. Fisica quantistica* (Zanichelli, 1973)

R. Bertlmann, A. Zeilinger: *Quantum (Un)speakables* (Springer Berlin Heidelberg New York, 2002)

P. Blanchard, A. Jadczyk: *Quantum Future* (Springer Berlin Heidelberg New York, 1998)

D. Bohm: *Quantum Theory* (Dover, 1951)

H. Bondi: *La relatività e il senso comune* (Zanichelli, 2000)

J. Brown, P. Davis: *Superstrings – A Theory of Everything?* (Cambridge University Press, 2000)

P. Dirac: *The Principles of Quantum Mechanics* (Oxford University Press, 1948)

A. Einstein: *L'evoluzione della fisica* (Bollati Boringhieri, 1965)

A. Einstein: *Opere Scelte* (a cura di E. Bellone; Bollati Boringhieri, 1988)

R. Feynman, R. Leighton, M. Sands: *La Fisica di Feynman I–III* (Zanichelli, 2001)

R. Feynman: *QED* (Adelphi, 1989)

P. Greco: *Einstein e il ciabattino – Dizionario asimmetrico dei concetti scientifici di interesse filosofico* (Editori Riuniti, 2002)

D. Halliday, R. Resnick, S. Krane Kenneth: *Fisica* (CEA, 2003)

W. Heisenberg: *Lo sfondo filosofico della fisica moderna* (Sellerio, 1999)

W. Heisenberg: *Fisica e filosofia* (Net, 2003)

W. Heisenberg: *Mutamenti nelle basi della scienza* (Bollati Boringhieri, 1978)

W. Heisenberg: *Fisica e oltre* (Bollati Boringhieri, 1984)

E. Joos, H. D. Zeh et al.: *Decoherence and the Appearance of a Classical World in Quantum Theory* (Springer Berlin Heidelberg New York, 2003)

T. S. Kuhn: *La struttura delle rivoluzioni scientifiche* (Einaudi, 2000)

J. Lindesay, L. Susskind: *Black Holes, Information and the String Theory Revolution* (World Scientific, 2005)

J. von Neumann: *I fondamenti matematici della meccanica quantistica* (Il Poligrafo, 1998)

R. Omnès: *Quantum Philosophy* (Wiley-VCH, 2003)

H. Pagels: *Cosmic Code* (Ullstein, 1984)

A. Pais: *"Sottile è il signore..."* (Bollati Boringhieri, 1991)

R. Penrose: *Il grande, il piccolo e la mente umana* (Cortina Raffaello, 2000)

J. Sakurai: *Modern Quantum Mechanics* (Addison-Wesley, 1994)

E. Schrödinger: *L'immagine del mondo* (Bollati Boringhieri, 1987)

S. Singh: *Codici & segreti* (BUR, 2001)

L. Smolin: *Three Roads to Quantum Gravity* (Phoenix, 2000)

A. Watson: *The Quantum Quark* (Cambridge University Press, 2004)

J. Wheeler, W. Zurek: *Quantum Theory and Measurement* (Princeton University Press, 1983)

A. Zee: *Quantum Field Theory in a Nutshell* (Princeton University Press, 2003)

A. Zeilinger: *Il velo di Einstein* (Einaudi, 2006)

Articoli e interventi

J. Anglin, W. Zurek: A Precision Test of Decoherence. http://arxiv.org/abs/quant-ph/9611049 (1996)

M. Arndt, B. Brezger, L. Hackermüller, K. Hornberger, E. Reiger, A. Zeilinger: The wave nature of biomolecules and fluorofullerenes. Phys. Rev. Lett. **91** (2003); http://arxiv.org/abs/quant-ph/0309016 (2003)

M. Arndt, L. Hackermüller, K. Hornberger, B. Brezger, A. Zeilinger: Decoherence of matter waves by thermal emission of radiation. Nature **427** (2004)

M. Arndt, K. Hornberger, A. Zeilinger: Probing the limits of the quantum world. Physics World **18** 3 (2005)

A. Aspect: Bell's inequality test: more ideal than ever. Nature **398** (1999)

G. Bacciagaluppi: The Role of Decoherence in Quantum Theory. The Stanford Encyclopedia of Philosophy. http://plato.stanford.edu/entries/qm-decoherence (2004)

J. Barrett: Everett's Relative-State Formulation of Quantum Mechanics. The Stanford Encyclopedia of Philosophy. http://plato.stanford.edu/entries/qm-everett (2003)

C. Bennett, G. Brassard: Quantum Cryptography: Public key distribution and coin tossing. Proceedings of IEEE International Conference on Computers, Systems and Signal Processing (Bangalore, 1984)

C. Bennett, G. Brassard, C. Crepeau, R. Jozsa, A. Peres, W. Wootters: Teleporting an unknown quantum state via dual classical and EPR channels. Phys. Rev. Lett. **70** 13 (1993)

Letture ulteriori

H.-J. Briegel, I. Cirac, P. Zoller: Quantencomputer. Phys. Bl. **55**, 9 (1999)

D. Bouwmeester, J.-W. Pan, K. Mattle, M. Eibl, H. Weinfurter, A. Zeilinger: Experimental quantum teleportation. Nature **390** (1997)

M. Dickson: The Modal Interpretations of Quantum Theory. The Stanford Encyclopedia of Philosophy http://plato.stanford.edu/entries/qm-modal (2002)

S. Dürr, T. Nonn, G. Rempe: Origin of quantum-mechanical complementarity probed by a 'which-way' experiment in an atom interferometer. Nature **395** (1998)

S. Dürr, G. Rempe: Can wave-particle duality be based on the uncertainity relation? Am. J. Phys. **68**, 11 (2000)

A. Einstein, B. Podolsky, N. Rosen: Can quantum-meachnical description of physical reality be considered complete? Phys. Rev. **47**, 777–80 (1935)

H. Everett: Relative state formulation of quantum mechanics. Rev. Mod. Phys. **29** 454–62 (1957)

J. Faye: Copenhagen Interpretation of Quantum Mechanics. The Stanford Encyclopedia of Philosophy http://plato.stanford.edu/entries/qm-copenhagen (2002)

A. Fine: The Einstein-Podolsky-Rosen Argument in Quantum Theory. The Stanford Encyclopedia of Philosophy http://plato.stanford.edu/entries/qt-epr (2004)

G. Ghirardi: Collapse Theories. The Stanford Encyclopedia of Philosophy http://plato.stanford.edu/entries/qm-collapse (2002)

S. Goldstein: Bohmian Mechanics. The Stanford Encyclopedia of Philosophy http://plato.stanford.edu/entries/qm-bohm (2001)

S. Haroche: Entanglement, decoherence and the quantum/classical boundary. Phys. Today, Juli (1998)

K. Hicks: Experimental Search for Pentaquarks. Prog. Part. Nucl. Phys. **55** (2005); http://arxiv.org/abs/hep-ex/0504027 (2005)

E. Joos: Elements of environmental decoherence. http://arxiv.org/abs/quant-ph/9908008 (1999)

C. Kiefer, E. Joos: Decoherence: Concepts and Examples. In: P. Blanchard, Arkadiusz Jadczyk *Quantum Future: From Como to the Present and Beyond*(Springer Berlin Heidelberg New York 1999); http://arxiv.org/abs/quant-ph/9803052 (1998)

E. Klarreich: Can you keep a secret? Nature **418** (2002)

H. Krips: Measurement in Quantum Theory. The Stanford Encyclopedia of Philosophy http://plato.stanford.edu/entries/qt-measurement (1999)

F. Laudisa, C. Rovelli: Relational Quantum Mechanics. The Stanford Encyclopedia of Philosophy http://plato.stanford.edu/entries/qm-relational (2005)

L. Marchildon: Why should we interpret Quantum Mechanics?. Found. Phys. **34**, 11 (2004)

D. Mermin: Is the moon there when nobody looks? Reality and the quantum theory. Phys. Today **4** (1985)

C. Rovelli: Loop Quantum Gravity. Living Reviews in Relativity **1** (1998); http://arxiv.org/abs/gr-qc/9710008 (1997)

M. Schlosshauer: Decoherence, the measurement problem, and interpretations of quantum mechanics. Rev. Mod. Phys. **76**, 10 (2004); http://arxiv.org/abs/quant-ph/0312059 (2005)

E. Schrödinger: Die gegenwärtige Situation in der Quantenmechanik. Naturwissenschaften **23**, 48 (1935) (traduzione italiana a cura di S. Antoci reperibile al sito: http://ipparco.roma1.infn.it/pagine/deposito/archivio/schroedinger.html)

A. Shimony: Bell's Theorem. The Stanford Encyclopedia of Philosophy http://plato.stanford.edu/entries/bell-theorem (2004)

L. Smolin: An invitation to Loop Quantum Gravity. http://arxiv.org/abs/hep-th/0408048 (2004)

Letture ulteriori

L. Susskind, J. Uglum: String physics and black holes. Nucl. Phys. B Proc. Suppl. **45BC** (1996); http://arxiv.org/abs/hep-th/9511227 (1995)

M. Tegmark: Apparent wave function collapse caused by scattering. Found. Phys. Lett. **6**, 6 (1993); http://arxiv.org/abs/gr-qc/9310032 (1993)

L. Vaidman: Many-Worlds Interpretation of Quantum Mechanics. The Stanford Encyclopedia of Philosophy. http://plato.stanford.edu/entries/qm-manyworlds (2002)

H. Weinfurter: The power of entanglement. Physics World **1** (2005)

H. D. Zeh: What is achieved by Decoherence. http://arxiv.org/abs/quant-ph/9610014 (1996)

H. D. Zeh: Why Bohm's Theory? Found. Phys. Lett. **12**, 2 (1999); http://arxiv.org/abs/quant-ph/9812059 (1999)

H. D. Zeh: The Wave Function: It or Bit? In: J. Barrow, P. Davies et al. *Science and Ultimate Reality* (Cambridge University Press, 2002); http://arxiv.org/abs/quant-ph/0204088 (2002)

A. Zeilinger: Experiment and the foundation of quantum physics. Rev. Mod. Phys. **71**, 2 (1999)

W. Zurek: Decoherence and the Transition from Quantum to Classical – Revisted. Los Alamos Science **27** (2002)

W. Zurek: Decoherence, Einselection, and the Quantum Origin of the Classical. Rev. Mod. Phys. **75**, 715 (2003)

Siti web

Fisica generale:

Physics 2000
http://www.mi.infn.it/~phys2000/index.html

Fisica digitale (Portale italiano di Fisica)
http://digilander.libero.it/devmasin/

La Fisica in Rete (risorse internet)
http://bibscienze.unimi.it/fisica/risorse_internet/VRDfisica.html

The American Institute of Physics (AIP)
http://www.aip.org/index.html

HyperPhysics:
http://hyperphysics.phy-astr.gsu.edu/hbase/hframe.html

Wikipedia (Portale della Fisica):
http://it.wikipedia.org/wiki/Portale:Fisica

Fisica quantistica:

Homepage della decoerenza (Erich Joos, H. Dieter Zeh):
http://www.decoherence.de

Rempe Group Homepage Quantum Dynamics Division (Gerhard Rempe):
http://www.mpq.mpg.de/qdynamics/index.html

Cavity Quantum Electrodynamics (Serge Haroche, Jean-Michel Raimond):
http://www.lkb.ens.fr/recherche/qedcav/english/englishframes.html

Quantum experiments and the foundations of quantum physics (Anton Zeilinger):
http://www.quantum.at

IBM Research – Physics
http://www.research.ibm.com/disciplines/physics.shtml

The Centre for Quantum Computation (Universities of Oxford and Cambridge)
http://www.qubit.org/

Institute for Quantum information (CalTech):
http://www.iqi.caltech.edu/index.html

Quantum Optics and Spectroscopy (Univ. Innsbruck):
http://heart-c704.uibk.ac.at/

Fisica delle particelle elementari:

CERN – The world's largest particle physics laboratory:
http://www.cern.ch

L'avventura delle particelle:
http://www.infn.it/multimedia/particle/

Fermilab:
http://www.fnal.gov/pub/inquiring/matter/index.html

SLAC – Stanford Linear Accelerator Center:
http://www.slac.stanford.edu

Istituto Nazionale di Fisica Nucleare:
http://www.infn.it/indexit.php

Gravità quantistica:

Qgravity.org - quantum gravity, physics and philosophy
http://www.qgravity.org

The Official String Theory Web Site:
http://www.superstringtheory.com

The Elegant Universe Homepage (Brian Greene):
http://www.pbs.org/wgbh/nova/elegant

Cambridge Quantum Gravity:
http://www.damtp.cam.ac.uk/user/gr/public/qg_home.html

Pubblicazioni:

E-print service („arXiv") of the Cornell University Library:
http://arxiv.org/find

APS Journals:
http://publish.aps.org

IoP electronic Journals:
http://journals.iop.org

Indice analitico

i blu

Passione per Trilli
Alcune idee dalla matematica
R. Lucchetti
2007, XIV, pp. 154
ISBN: 978-88-470-0628-7

Tigri e Teoremi
Scrivere teatro e scienza
M.R. Menzio
2007, XII, pp. 256
ISBN 978-88-470-0641-6

Vite matematiche
Protagonisti del '900 da Hilbert a Wiles
C. Bartocci, R. Betti, A. Guerraggio, R. Lucchetti (a cura di)
2007, XII, pp. 352
ISBN 978-88-470-0639-3

Tutti i numeri sono uguali a cinque
S. Sandrelli, D. Gouthier, R. Ghattas (a cura di)
2007, XIV, pp. 290
ISBN 978-88-470-0711-6

Il cielo sopra Roma
I luoghi dell'astronomia
R. Buonanno
2007, X, pp. 186 + 4 pp. a colori
ISBN 978-88-470-0671-3

Buchi neri nel mio bagno di schiuma
ovvero **L'enigma di Einstein**
C.V. Vishveshwara
2007, XIV, pp. 438
ISBN 978-88-470-0673-7

Il senso e la narrazione
G. O. Longo
2008, XVIII, pp. 214
ISBN 978-88-470-0778-9

Il mondo bizzarro dei quanti
S. Arroyo
2008, XIV, pp. 258
ISBN 978-88-470-0643-0

Di prossima pubblicazione

Il solito Albert e la piccola Dolly
La scienza dei bambini e dei ragazzi
D. Gouthier, F. Manzoli

Storie di cose semplici
V. Marchis

ISBN 978-88-470-0643-0

€ 23,00

Finito di stampare nel mese di aprile 2008